ARISTOTELES

ÜBER DIE BEWEGUNG DER LEBEWESEN

ÜBER DIE FORTBEWEGUNG DER LEBEWESEN

ARISTOTELES

WERKE

IN DEUTSCHER ÜBERSETZUNG

BEGRÜNDET VON

ERNST GRUMACH

HERAUSGEGEBEN VON

HELLMUT FLASHAR

BAND 17

ZOOLOGISCHE SCHRIFTEN II

TEIL II

TEIL III

AKADEMIE-VERLAG BERLIN
1985

ARISTOTELES

ÜBER DIE BEWEGUNG DER LEBEWESEN

ÜBER DIE FORTBEWEGUNG DER LEBEWESEN

ÜBERSETZT UND ERLÄUTERT VON

JUTTA KOLLESCH

AKADEMIE-VERLAG BERLIN
1985

Erschienen im Akademie-Verlag, DDR - 1086 Berlin, Leipziger Str. 3–4

Lizenznummer: 202 · 100/8/85
Printed in the German Democratic Republic
Gesamtherstellung: IV/2/14 VEB Druckerei »Gottfried Wilhelm Leibniz«,
4450 Gräfenhainichen
LSV 0116
Bestellnummer: 754 385 4 (3022/17/II + III)
01800

INHALT

TEIL II

ÜBER DIE BEWEGUNG DER LEBEWESEN

1. Die Bewegung aller Lebewesen, die es im Hinblick auf jede einzelne Gattung gibt, die Unterschiede und die Ursachen der Erscheinungen, die bei ihnen im einzelnen auftreten, das alles ist an anderer Stelle untersucht worden. Jetzt soll dagegen eine allgemeine Untersuchung über die gemeinsame Ursache der | Bewegung, welcher Art sie auch immer ist – denn die Lebewesen bewegen sich teils durch Fliegen, teils durch Schwimmen, teils durch Gehen und teils auf andere entsprechende Arten –, durchgeführt werden. 698 a

Daß nun der Ursprung der anderen Bewegungen das ist, was sich selbst bewegt, für dies aber das Unbewegte und daß der erste Beweger unbewegt sein muß, ist früher festgelegt worden, | als wir auch darüber ⟨sprachen⟩, ob es eine ewige Bewegung gibt oder nicht, und wenn es sie gibt, welche dies ist. Dieses Problem darf man aber nicht nur allgemein theoretisch fassen, sondern man muß es auch an den einzelnen Erscheinungen und den sinnlich wahrnehmbaren Gegebenheiten untersuchen, mit deren Hilfe wir auch die allgemeinen Theorien aufstellen und denen sie, wie wir glauben, angepaßt sein müssen. Denn es wird auch bei | diesen Dingen deutlich, daß Bewegung unmöglich ist, wenn sich nichts im Zustand der Ruhe befindet, zuerst einmal in den Lebewesen selbst. Denn wenn sich einer ihrer Teile bewegt, muß ein anderer im Zustand der Ruhe sein; und deswegen gibt es bei den Tieren die Gelenke. Denn sie gebrauchen die Gelenke wie einen Mittelpunkt, und der ganze Teil, in dem sich das Gelenk befindet, stellt sowohl einen Teil als auch zwei Teile dar, ist sowohl gerade als auch | gebeugt, da er sich potentiell oder aktualiter mit Hilfe des Gelenks verändern kann. Wenn er sich beugt und bewegt, bewegt sich ein Punkt in dem Gelenk, und der andere bleibt unbewegt, wie wenn von einem Durchmesser Punkt *A* und *D* an ihrem Platz blieben, Punkt *B* aber bewegt würde und die Linie *AC* entstünde. Aber dort scheint der Mittelpunkt in jeder Beziehung unteil|bar zu sein – denn auch daß Bewegung stattfindet, wie es heißt, täuscht man bei ihnen ⟨nur⟩ vor: von den mathematischen Gegenständen bewegt sich nämlich keiner –,

die Teile in den Gelenken dagegen sind potentiell und aktualiter bald |
698 b eins und bald geteilt. Aber der Ausgangspunkt für eine bestimmte Bewegung befindet sich nun immer, insofern als er Ausgangspunkt ist, im Zustand der Ruhe, wenn sich der untere Teil bewegt, zum Beispiel der Ellenbogen, wenn der Unterarm bewegt wird, die Schulter aber, wenn der ganze Arm (bewegt wird), und das Knie, wenn der Unterschenkel (bewegt wird), die Hüfte aber, wenn das ganze Bein (bewegt wird). Daß nun | jedes einzelne (Lebewesen) auch in sich etwas Ruhendes haben muß, von dem für das, was bewegt wird, der Anfang (der Bewegung) ausgehen wird und, auf das gestützt, es sich sowohl als Ganzes auf einmal als auch jeweils mit einem von seinen Teilen bewegt, ist klar.

2. Aber dennoch ist jeder Ruhezustand in ihm ohne Wirkung, wenn es nicht außerhalb etwas gibt, das absolut in Ruhe und unbewegt ist. Es ist aber der Mühe wert, (hier) innezu|halten und über diese Aussage nachzudenken; sie enthält nämlich eine Theorie, die sich nicht nur auf die Tiere erstreckt, sondern auch auf die Bewegung und den Lauf des Alls. Denn wie auch im Lebewesen etwas Unbewegtes vorhanden sein muß, wenn es sich bewegen will, so muß es noch (viel) mehr außerhalb von ihm etwas Unbewegtes geben, auf das gestützt, | das Sich-Bewegende sich bewegt. Denn wenn es immer nachgibt, wie zum Beispiel den Mäusen, die sich auf dem Acker vorwärts bewegen, oder den Menschen, die im Sand gehen, wird das Lebewesen nicht vorankommen, und es wird weder Gehen stattfinden, wenn nicht der Erdboden unbewegt bliebe, noch Fliegen oder Schwimmen, wenn nicht die Luft oder das Wasser Widerstand leisteten. Das, was Widerstand leistet, muß aber verschieden sein von dem, was sich bewegt, und zwar als Ganzes von einem Ganzen, und | das, was so unbewegt ist, darf kein Teil von dem sein, was sich bewegt; anderenfalls wird es sich nicht bewegen. Ein Beweis hierfür ist aber das Problem, weshalb jemand das Schiff von außen mit Leichtigkeit bewegt, wenn er den Mast oder irgendeinen anderen Teil mit der Stake vorwärts stößt, indem er sie dagegenstemmt, wenn aber jemand, der sich auf dem Schiff selbst befindet, dies zu tun versucht, er es wohl nicht bewegen dürfte und | wohl auch Tityos nicht noch Boreas, wenn er von innen aus dem Schiff heraus bläst, falls er wirklich auf die Weise bläst, wie die Maler (ihn) darstellen; sie malen ihn nämlich, indem er die Atemluft aus sich selbst
699 a herausströmen läßt. Denn sei es, daß jemand | den Atem sacht ausstößt oder so stark, daß er den stärksten Wind erzeugt, oder sei es, daß das, was herausgeschleudert oder vorwärts gestoßen wird, etwas anderes ist, so besteht die Notwendigkeit, erstens daß er vorwärts stößt, indem er sich auf einen seiner eigenen Teile stützt, der sich im

Zustand der Ruhe befindet, und dann wiederum daß dieser Teil, entweder er selbst oder das, von dem | er gerade ein Teil ist, unbewegt bleibt, indem er sich gegen etwas außerhalb (von ihm) stemmt. Derjenige aber, der das Schiff vorwärts stößt, indem er sich selbst auf dem Schiff befindet und sich gegen das Schiff stemmt, wird das Schiff mit gutem Grund nicht bewegen, weil es notwendig ist, daß das, wogegen er sich stemmt, unbewegt bleibt. Für ihn ist aber das, was er bewegt, und das, wogegen er sich stemmt, dasselbe. | Wenn er (es) dagegen von außen vorwärts stößt oder zieht, bewegt er (es); denn der Erdboden ist kein Teil des Schiffes.

3. Es könnte aber jemand fragen: Wenn etwas den ganzen Himmel bewegt, muß auch dies unbewegt sein, und darf es kein Teil des Himmels sein und sich nicht im Himmel befinden? Denn wenn es ihn einerseits bewegt, während es selbst bewegt ist, | muß es ihn bewegen, indem es etwas Unbewegtes berührt, und dies darf kein Teil des Bewegenden sein; und wenn das Bewegende andererseits von Anfang an unbewegt ist, kann es ebensowenig ein Teil des Bewegten sein. Und hierin jedenfalls haben diejenigen recht, die sagen, daß von der (Himmels)sphäre auch nicht ein einziger Teil unbewegt bleibt, wenn sie sich im Kreis bewegt; denn entweder müßte sie insgesamt unbewegt bleiben, oder es bestünde die Notwendigkeit, daß | ihre Kontinuität unterbrochen wäre. Aber daß sie glauben, die Pole verfügten über eine gewisse Kraft, obwohl sie keine Größe haben, sondern äußerste Begrenzungen und Punkte sind, ist nicht richtig. Denn abgesehen von der Tatsache, daß nichts Derartiges eine Substanz hat, ist es auch unmöglich, daß die eine Bewegung von zwei (Kräften) ausgeführt wird; sie nehmen aber zwei Pole an. Daß sich nun | auch etwas zu der ganzen Natur so verhält wie die Erde zu den Lebewesen und dem, was durch sie bewegt wird, könnte man wohl auf Grund solcher Feststellungen in Frage stellen.

Diejenigen aber, die Atlas nach Art des Mythos mit den Füßen auf der Erde darstellen, könnten den Anschein erwecken, den Mythos auf der Grundlage einer (bestimmten) Überlegung erzählt zu haben, als ob Atlas gewissermaßen eine Achse ist und den | Himmel um die Pole dreht; dies könnte wohl auch theoretisch geschehen, weil die Erde unbewegt bleibt. Aber für diejenigen, die dies behaupten, ist es notwendig, zu sagen, daß sie kein Teil des Alls ist. Außerdem müssen die Stärke dessen, was bewegt, und diejenige dessen, was unbewegt bleibt, gleich sein. Denn es ist eine gewisse Menge an Stärke und Kraft vorhanden, auf Grund deren das, was unbewegt ist, unbewegt bleibt, | wie es auch (eine gibt), auf Grund deren das, was bewegt, bewegt; und es besteht mit Notwendigkeit eine bestimmte Analogie wie zwischen den

entgegengesetzten Bewegungen so auch zwischen den Zuständen der Ruhe. Und zwar erfahren diejenigen, die gleich sind, keine Einwirkung
699 b voneinander, sie werden | aber von einem Übergewicht überwältigt. Deshalb darf weder Atlas, noch wenn das, was bewegt, irgendeine andere derartige innerhalb (des Himmels) befindliche Erscheinung ist, mehr Widerstand leisten, als das Beharrungsvermögen (ausmacht), auf Grund dessen die Erde unbewegt bleibt; oder die Erde wird sich aus dem Mittelpunkt und (damit) von ihrem Platz fortbewegen. Denn wie das, was vorwärts | stößt, vorwärts stößt, so wird das, was vorwärts gestoßen wird, vorwärts gestoßen, und zwar in gleicher Weise im Hinblick auf die Stärke. In Bewegung setzt aber das, was sich zunächst im Zustand der Ruhe befindet, so daß seine Stärke eher noch größer ist als der Zustand der Ruhe denn ihm ähnlich bzw. gleich; ebenso (ist sie) aber auch (größer) als das (Beharrungsvermögen) dessen, was bewegt wird, aber nicht bewegt. Die Kraft der Erde im Zustand der Ruhe wird also so groß sein müssen wie diejenige, die sowohl der gesamte Himmel aufweist als auch | das, was ihn bewegt. Wenn dies aber unmöglich ist, ist es auch unmöglich, daß der Himmel von einer derartigen Erscheinung innerhalb (von ihm) bewegt wird.

4. Es besteht aber ein Problem im Hinblick auf die Bewegungen der Teile des Himmels, das man untersuchen könnte, da es mit dem, was dargelegt wurde, eng zusammengehört. Denn wenn jemand durch die Kraft der Bewegung den Ruhezustand der | Erde überwindet, ist es klar, daß er sie aus dem Mittelpunkt herausbewegen wird. Es ist aber auch offensichtlich, daß die Stärke, von der diese Kraft ausgeht, nicht unbegrenzt ist; denn auch die Erde ist nicht unbegrenzt, und daher (ist es) auch ihre Schwere nicht. Doch wird das Wort „unmöglich“ in mehrerlei Bedeutung gebraucht – denn wir sagen nicht in derselben Weise, daß es unmöglich ist, daß der Sprachlaut gesehen wird und daß wir die Wesen auf dem Mond sehen; | das eine wird nämlich mit Notwendigkeit nicht gesehen werden, das andere aber (nur von uns) nicht, obwohl es von Natur aus gesehen werden kann –, und der Himmel ist zwar, wie wir glauben, mit Notwendigkeit unzerstörbar und unauflösbar, entsprechend der eben angestellten Überlegung ist es aber nicht mit Notwendigkeit der Fall; denn es liegt im Bereich des Natürlichen und ist möglich, daß es eine größere Bewegung gibt (als diejenige), auf Grund deren sich einerseits die Erde im Zustand der Ruhe befindet und von der andererseits | das Feuer und der obere Körper bewegt werden. Wenn nun die übermäßigen Bewegungen existieren, werden diese sich gegenseitig zerstören; wenn sie dagegen zwar nicht existieren, aber vorhanden sein können – es ist nämlich nicht möglich, daß (die Bewegung) unbegrenzt (ist), weil auch kein

Körper unbegrenzt sein kann –, so könnte der Himmel zerstört werden. Denn was hindert daran, daß dies geschieht, wenn | nicht (die Tatsache), daß es unmöglich ist? Es ist aber nicht unmöglich, es sei denn, daß das Gegenteil notwendig ist. Aber mit diesem Problem soll sich eine andere Untersuchung beschäftigen.

Muß es aber etwas Unbewegtes und Ruhendes außerhalb des Bewegten geben, das kein Teil von jenem ist, oder nicht? Und ist es notwendig, daß dies auch bei dem All so ist? Denn es könnte vielleicht selt|sam erscheinen, wenn der Ursprung der Bewegung innerhalb (des Alls) liegt. Deshalb könnte es denjenigen, die diese Ansicht vertreten, scheinen, daß es von Homer in zutreffender Weise formuliert worden ist: „Aber ihr dürftet wohl Zeus, den Höchsten von allen, nicht vom Himmel auf die Erde ziehen, | auch nicht, wenn ihr euch sehr mühtet; hängt euch an, ihr Götter und Göttinnen alle!“ Denn das, was völlig unbeweglich ist, kann von nichts bewegt werden. Daher löst sich auch das früher genannte Problem, (nämlich) ob es möglich ist, | daß das Gefüge des Himmels zerstört wird, oder ob es nicht möglich ist, wenn es an einem unbewegten Ausgangspunkt (der Bewegung) befestigt ist.

Im Falle der Lebewesen darf aber nicht nur das auf diese Weise Unbewegte existieren, sondern auch in ihnen selbst muß, sofern sie sich selbst in Bewegung versetzen, bei einer Ortsbewegung (etwas Unbewegtes) vorhanden sein – denn der eine Teil von ihnen muß sich im Zustand der Ruhe befinden, der andere aber bewegt werden –, auf das gestützt, sich der Teil, der bewegt wird, | bewegen wird, zum Beispiel wenn es einen seiner Teile bewegt. Denn der eine stützt sich auf den anderen als denjenigen, der unbewegt bleibt. Was aber die leblosen Dinge betrifft, soweit sie sich bewegen, so könnte wohl jemand fragen, ob sie alle sowohl das, was sich im Zustand der Ruhe befindet, als auch das, was bewegt, in sich selbst haben und ob die Notwendigkeit besteht, daß auch diese sich auf eins von den Dingen stützen, die sich außerhalb im Zustand der Ruhe befinden, oder ob es unmöglich ist, (daß sie sich auf diese Weise bewegen), zum Beispiel Feuer, | Erde oder irgendeins von den leblosen Dingen, dies vielmehr (für diejenigen Dinge) zutrifft, von denen diese bewegt werden und die erste Dinge sind. Denn alle leblosen Dinge werden von etwas anderem bewegt, der Ursprung für alle Objekte, die auf diese Weise bewegt werden, sind aber diejenigen, die sich selbst bewegen. Von den betreffenden Objekten aber ist über die Lebewesen (bereits) gesprochen worden; denn alle derartigen Objekte müssen einerseits in sich das haben, was sich im Zustand der Ruhe befindet, und andererseits außerhalb dasjenige, auf das | sie sich stützen werden. Ob es aber etwas gibt, das einem höheren Bereich angehört und als erster Beweger fungiert, ist unklar, und eine andere Erörterung hat sich mit dieser Art Ursprung zu befassen. Alle Lebewesen aber, die sich bewegen, tun das, indem sie sich auf die Dinge stützen, die sich außerhalb befinden, auch wenn sie einatmen und wenn sie ausatmen. Denn es macht keinen Unterschied, ob man ein großes Gewicht in Bewegung setzt oder (nur) ein kleines, was diejenigen tun, die ausspeien und hu|sten, und diejenigen, die einatmen und ausatmen.

5. Muß aber nur in ebendem, was sich selbst von einem Ort zum anderen bewegt, etwas unbewegt bleiben oder auch in ebendem, was durch sich selbst eine Veränderung erfährt und wächst? Aber mit dem ursprünglichen Entstehen und Vergehen beschäftigt sich eine andere Abhandlung; denn wenn es, wie wir behaupten, eine erste Bewegung gibt, | so dürfte diese wohl Ursache für Entstehung und Vergehen sein, vielleicht aber auch für alle anderen Bewegungen. Wie aber beim All, so ist dies auch beim Lebewesen die erste Bewegung, wenn es sich voll herausgebildet hat; daher ist es, wenn es einmal entsteht, für sich selbst die Ursache seines Wachstums und seiner Veränderung, anderenfalls besteht (dafür) keine Notwendigkeit. Die ersten Wachstumsprozesse und Veränderungen dagegen finden durch | etwas anderes und mit Hilfe anderer Komponenten statt; für sein eigenes Entstehen und Vergehen | kann nichts in irgendeiner Weise selbst Ursache sein. Denn das, was bewegt, muß früher vorhanden sein als das, was bewegt wird, und das, was zeugt, früher als das, was gezeugt wird; nichts aber ist früher als es selbst.

6. Was nun die Seele betrifft, ob sie bewegt wird oder ob sie nicht bewegt wird, und wenn sie bewegt | wird, wie sie bewegt wird, darüber ist früher in den Büchern gesprochen worden, die sich speziell mit ihr befassen. Da aber alle leblosen Dinge von etwas anderem bewegt werden und (da) in bezug auf das, was als erstes bewegt wird und immer bewegt wird, früher in den Büchern über die erste Philosophie festgelegt worden ist, auf welche Weise es bewegt wird und wie der erste Beweger bewegt, bleibt (noch) zu untersu|chen, wie die Seele den Körper bewegt und welches der Ursprung der Bewegung des Lebewesens ist. Denn abgesehen von der Bewegung des Alls, sind die belebten Wesen Ursache für die Bewegung der anderen Dinge, soweit diese sich nicht gegenseitig bewegen, weil eins gegen das andere stößt. Deshalb haben auch alle ihre Bewegungen eine Grenze; denn auch die der belebten Wesen (haben eine Grenze). | Alle Lebewesen führen nämlich die aktiven und passiven Bewegungen um eines Zweckes willen aus, so daß dies für sie die Grenze jeder Bewegung ist, nämlich der Zweck. Wir sehen aber, daß das, was das Lebewesen bewegt, eine Überlegung, eine Vorstellung, eine Entscheidung, ein Wunsch und eine

Begierde sind. Sie alle lassen sich aber auf Vernunft und Streben zurückführen. Die Vorstellungskraft und das Wahrnehmungsvermögen gehören nämlich demselben Bereich an wie die Vernunft; denn sie alle sind dazu geeignet, ein Urteil zu bilden, sie unterscheiden sich aber in den Punkten, die an anderer Stelle abgehandelt worden sind. Aber Wunsch, Trieb und Begierde fallen unter das Streben, die Entscheidung dagegen ist etwas, was der Überlegung und dem Streben gemeinsam ist; deswegen setzt das, was Gegenstand des Strebens und der Überlegung ist, zuerst in Bewegung. Aber nicht jeder Gegenstand der Überlegung, | sondern (nur) das Endziel im Bereich des Handelns. Deshalb ist dasjenige unter den Gütern, das eine solche Beschaffenheit hat, das Bewegende, aber nicht jedes Gute, denn (nur) insofern seinetwegen etwas anderes da ist und insofern es Endziel für die Dinge ist, die um eines anderen willen vorhanden sind, auf diese Weise setzt es in Bewegung. Man muß aber den Fall setzen, daß sowohl das scheinbar Gute die Stelle des (wirklich) Guten innehat als auch das Angenehme; denn es ist ein scheinbares Gut. Daher | ist es klar, daß das, was von dem ewigen Beweger immer bewegt wird, in gewisser Weise ebenso bewegt wird wie jedes einzelne Lebewesen, in gewisser Weise aber anders, weshalb auch jene Dinge immer bewegt werden, die Bewegung der Lebewesen dagegen eine Grenze hat. Aber das ewig Schöne und das wahrhaft und primär Gute, das heißt das, was nicht einmal gut und ein anderes Mal nicht gut ist, ist zu göttlich und erhaben, als daß | es zu etwas anderem in Beziehung stehen könnte. Das erste Glied (der Bewegungskette) bewegt nun, ohne bewegt zu sein, das | Streben und das Strebevermögen bewegen aber, während sie bewegt werden. Das letzte von dem, was bewegt wird, braucht aber nicht mit Notwendigkeit etwas zu bewegen. Daraus wird aber auch deutlich, daß die Ortsveränderung mit gutem Grund die letzte der Bewegungen bei den Dingen ist, die entstehen, denn das Lebewesen bewegt sich und nimmt eine Ortsveränderung vor auf Grund eines Strebens oder einer Ent|scheidung, nachdem entsprechend der Wahrnehmung oder der Vorstellung eine Veränderung eingetreten ist.

7. Wie aber (ist es zu erklären, daß) man, wenn man denkt, bisweilen handelt, bisweilen dagegen nicht und sich bewegt, sich bisweilen aber nicht bewegt? Eine ähnliche Situation scheint auch gegeben zu sein, wenn man im Hinblick auf die Dinge, die keine Bewegung haben, Überlegungen anstellt und logische Schlüsse zieht. | Aber hier ist das Endergebnis ein wissenschaftlicher Satz – denn wenn man die zwei Prämissen denkt, dann denkt man auch die Schlußfolgerung und setzt sie zusammen –, dort aber ist die Schlußfolgerung aus den zwei Prämissen eine Handlung; zum Beispiel: Wenn man die Überlegung anstellt, daß jeder Mensch gehen muß, man selbst aber ein Mensch ist, geht man sofort, wenn (man) aber (die Überlegung anstellt,) daß zum gegenwärtigen Zeitpunkt kein | Mensch gehen darf, man selbst aber ein Mensch ist, verharrt man sofort im Zustand der Ruhe; und in diesen beiden Fällen handelt man, wenn nicht irgend etwas (daran) hindert oder (dazu) zwingt. (Weitere Beispiele für derartige Überlegungen:) Ich muß ein Gut schaffen, ein Haus ist aber ein Gut; sofort baut man ein Haus. Ich bedarf einer Umhüllung, ein Mantel ist aber eine Umhüllung; ich bedarf eines Mantels. Wessen ich bedarf, das muß ich anfertigen; ich bedarf eines Mantels; ein Mantel ist anzufertigen. Das heißt, die | Schlußfolgerung „ein Mantel ist anzufertigen“ äußert sich in einer Handlung. Man handelt aber von Anfang an. Wenn es einen Mantel geben soll, muß zunächst die eine Voraussetzung gegeben sein, und wenn sie (gegeben ist), eine andere; und indem man diese schafft, handelt man sofort. Daß nun die Handlung die Schlußfolgerung darstellt, ist klar; die Prämissen, die zu einer Handlung führen, entstehen aber auf zwei Arten, sowohl durch das Gute als auch durch das | Mögliche.

Wie aber einige von denen, die (nach der dialektischen Methode) Fragen stellen, so hält auch die Überlegung in keiner Weise die zweite, einleuchtende Prämisse an und betrachtet sie; zum Beispiel: wenn (man die Überlegung anstellt,) daß das Gehen für den Menschen ein Gut ist, so verweilt man nicht (dabei), daß man selbst ein Mensch ist. Deshalb führen wir auch alle Handlungen, die wir ausführen, ohne darüber nachzudenken, schnell aus. Wenn man nämlich die Wahrnehmung, | die Vorstellung oder das Denken in Richtung auf das Ziel betätigt, so tut man das, wonach man strebt, sofort; denn die Tätigkeit des Strebens tritt an die Stelle des Fragens oder der Überlegung. Ich muß trinken, sagt (mir) die Begierde; dies hier ist ein Trank, sagen das Wahrnehmungsvermögen, die Vorstellungskraft oder die Vernunft; sofort trinkt man. So setzen nun die Lebewesen zur Bewegung und zum Handeln an, wobei die | letzte Ursache der Bewegung das Streben ist und dieses durch eine Wahrnehmung, durch eine Vorstellung oder eine Überlegung zustande kommt. Von denjenigen, die danach streben zu handeln, schaffen bzw. handeln die einen auf Grund von Begierde oder Trieb, die anderen aber | auf Grund [eines Strebens oder] eines Wunsches.

Wie sich aber die Automaten bewegen, wenn eine (nur) kleine Bewegung stattfindet, (nämlich) wenn die Schnüre gelöst werden und gegeneinander schlagen, und (wie) sich der Spielzeugwagen, den ebendas Kind, das damit fährt, in gerader Richtung bewegt, | dadurch, daß er ungleiche Räder hat, doch wieder im Kreise bewegt – denn das kleinere (Rad) stellt gewissermaßen einen Mittelpunkt dar, wie bei den (als Kinderspielzeug verwendeten) Zylindern –, so bewegen sich auch die Lebewesen. Denn sie haben als entsprechende Organe das natürliche Gerüst der Sehnen und das der Knochen, die einen vergleichbar mit den Hölzern und dem Eisen dort, die Sehnen aber mit den Schnüren; wenn diese gelöst | und gelockert werden, bewegen sie sich. Bei den Automaten und den Spielzeugwagen findet nun keine Veränderung statt, da sich derselbe Gegenstand wohl auch dann, wenn die inneren Räder kleiner und wieder größer würden, im Kreis bewegen dürfte; im Lebewesen dagegen kann dasselbe Organ sowohl größer als auch kleiner werden und sich in seinen Formen verändern, da | die (Körper)-teile durch Hitze an Größe zunehmen und sich wiederum durch Kälte zusammenziehen und sich verändern. Veränderungen rufen aber die Vorstellungen, die Sinneswahrnehmungen und die Gedanken hervor. Denn die Sinneswahrnehmungen sind von Anfang an gewissermaßen Veränderungen, die Vorstellung und die Überlegung dagegen verfügen über die Kraft der realen Dinge; denn in gewisser Weise | ist die (nur) gedachte Form des Warmen, Kalten, Angenehmen oder Schrecklichen von der gleichen Art wie jedes einzelne von den Dingen, weshalb man erschaudert und in Furcht gerät, wenn man nur (daran) denkt. Alle diese Vorgänge sind aber Affektionen und Veränderungen. Wenn aber im Körper Veränderungen stattfinden, sind die einen bedeutsamer, andere aber geringfügiger. Daß aber | eine kleine Veränderung, die in dem Ausgangspunkt (der Bewegung) stattfindet, viele beachtliche Modifizierungen in der Ferne verursacht, ist nicht verborgen: Wenn zum Beispiel das Steuerruder (nur) ein wenig seine Richtung ändert, ist die Veränderung in der Lage des Bugs (schon) beachtlich. Weiterhin aber, wenn auf Grund von Wärme oder Kälte oder auf Grund einer anderen derartigen Affektion eine Veränderung im Bereich des Herzens stattfindet, | selbst wenn es in ihm in einem im Hinblick auf seine Größe nicht (mehr) wahrnehmbaren Teil geschieht, so verursacht sie in Form von Erröten und Erblassen sowie von Erschaudern, Zittern und den Zuständen, die diesen entgegengesetzt sind, eine beachtliche Modifizierung des Körpers.

8. Als Anfang der Bewegung erweist sich nun, wie ausgeführt worden ist, das, was im Bereich des Handelns angestrebt bzw. vermieden werden soll; mit Notwendigkeit folgt aber dem | Gedanken an diese Dinge und der Vorstellung davon Wärme bzw. Kälte. Denn das Unerfreuliche ist zu vermeiden, das Angenehme aber anzustreben, nahezu alles Unerfreuliche | und Angenehme ist aber mit einer gewissen 702 a Kälte bzw. Wärme verbunden – aber in bezug auf Kleinigkeiten geschieht dies unbemerkt. Dies wird aus den Affektionen deutlich.

Denn Kühnheit, Furcht, sexuelle Erregung und die übrigen mit dem Körper verbundenen unerfreulichen und angenehmen Affektionen gehen jeweils mit Wärme oder Kälte einher, teilweise in einem einzelnen Teil, | teilweise aber im ganzen Körper; Erinnerungen und Erwartungen dagegen sind dadurch, daß sie derartige Affektionen gleichsam als Bilder gebrauchen, bald weniger und bald mehr Ursache für dieselben Reaktionen. Daher sind nun die inneren Körperteile und die Gebilde, die sich im Bereich der Ausgangspunkte (der Bewegung) für die organischen Teile befinden, mit gutem Grund so geschaffen, daß sie sich aus festen zu flüssigen und aus flüssigen | zu festen sowie wechselseitig zu weichen und harten verändern können. Wenn sich aber diese Vorgänge auf diese Weise vollziehen und wenn ferner das, was eine Einwirkung erfährt, und das, was (etwas) bewirkt, eine solche Natur hat, wie wir sie an vielen Stellen dargestellt haben, dann bewirkt, wenn es der Fall ist, daß das, was (etwas) bewirkt, und das, was eine Einwirkung erfährt, vorhanden ist und keins von beiden es an dem, was zu seiner Definition gehört, in irgendeiner Weise fehlen läßt, | das eine sofort (etwas), und das andere erfährt sofort eine (affektive) Einwirkung. Deswegen geschieht es aber sozusagen gleichzeitig, daß man denkt, man müsse sich vorwärts bewegen, und daß man sich in Bewegung setzt, wenn nicht etwas anderes (daran) hindert. Denn die organischen Teile werden von den Affektionen in der erforderlichen Weise vorbereitet, die Affektionen aber von dem Streben und das Streben wiederum von der Vorstellung; diese entsteht aber auf Grund einer Überlegung oder auf Grund einer Sinneswahrnehmung. | Gleichzeitig und schnell (geschieht es aber), weil das, was (etwas) bewirkt, und das, was eine Einwirkung erfährt, seiner Natur nach zu den Dingen gehört, die zueinander in Beziehung stehen.

Dasjenige aber, was das Lebewesen zuerst in Bewegung versetzt, muß seinen Sitz in einem bestimmten Ausgangspunkt haben. Daß aber das Gelenk für den einen Teil der Anfang ist und für den anderen das Ende, ist gesagt worden. Deshalb kann es geschehen, daß die Natur es einerseits als eine Einheit, andererseits aber als zwei Teile gebraucht. Wenn nämlich von dort eine Bewegung ausgeht, | besteht die Notwendigkeit, daß sich der eine von den äußersten Punkten im Zustand der Ruhe befindet, der andere aber bewegt wird; denn daß das, was bewegt, sich auf etwas stützen muß, was sich im Zustand der Ruhe befindet, ist (schon) früher dargelegt worden. Das äußerste Ende des Armes wird nun bewegt und ruft keine Bewegung hervor, von dem Gelenk im Ellenbogen dagegen bewegt sich der Teil, der in ebendem sich als Ganzem bewegenden Ende (des Armes) liegt, es muß aber auch (noch) etwas | Unbewegtes (dort) vorhanden sein, behaupten wir doch von diesem Gebilde, daß es potentiell ein einziger Punkt ist, aktualiter aber zu zwei Teilen wird; wenn daher der Arm ein Lebewesen wäre, könnte wohl dort irgendwo das bewegende Prinzip der Seele seinen Sitz haben.

Da sich aber auch ein lebloser Gegenstand zu der Hand so verhalten kann – zum Beispiel wenn jemand einen Stock in seiner Hand bewegte –, ist es klar, daß | die Seele wohl in keinem von den beiden äußersten Enden ihren Sitz haben dürfte, weder in dem äußersten Ende des Teils, der bewegt wird, noch in dem anderen Anfang. Denn auch das Stück Holz hat | in seinem Verhältnis zur Hand sowohl einen Anfang als auch ein Ende. Wenn sich also das bewegende Prinzip, das von der Seele ausgeht, nicht auch in dem Stock befindet, (befindet es sich) auch nicht in der Hand; denn ebenso verhält sich auch die Spitze der Hand zum Handgelenk und dieser Teil zum Ellenbogen. | Die Teile, die angewachsen sind, unterscheiden sich nämlich in keiner Weise von denen, die nicht (angewachsen sind); denn der Stock wird gleichsam zu einem abtrennbaren (Körper)teil. Das bewegende Prinzip darf seinen Sitz also nicht in einem Ausgangspunkt haben, der das Ende eines anderen Teils ist, auch nicht, wenn es sich dabei um etwas anderes handelt, das sich weiter außen befindet als jener, zum Beispiel der Bewegungsursprung von dem äußersten Ende des Stockes in der Hand, (der) von dem der Hand aber im Handgelenk. Wenn sich das (bewegende) Prinzip aber auch nicht in der | Hand befindet, weil es noch weiter oben ist, so (befindet es sich) auch dort nicht; denn außerdem bewegt sich der ganze untere Teil in einem Stück, wenn der Ellenbogen unbewegt bleibt.

9. Da aber die Verhältnisse auf der linken und auf der rechten Seite (des Körpers) gleich sind und die gegenüberliegenden Teile sich gleichzeitig bewegen, so daß es nicht möglich ist, daß sich der Teil auf der linken Seite dadurch bewegt, daß sich der auf der rechten im Zustand der Ruhe befindet, und dieser wiederum nicht dadurch, daß jener (sich im Zustand der Ruhe befindet), | und (da) sich der Bewegungsursprung immer in etwas befindet, das höher ist als die beiden (Teile), besteht die Notwendigkeit, daß das Prinzip der bewegenden Seele seinen Sitz in der Mitte hat; denn die Mitte ist die äußerste Begrenzung für die beiden Extreme. Diese verhält sich aber gleich in bezug auf die Bewegungen, sowohl (in bezug auf) diejenigen, die von oben und von unten ausgehen, zum Beispiel (in bezug auf) diejenigen, die vom Kopf ausgehen, als auch (in bezug auf) die Bewegungen, die von der Wirbelsäule herkommen bei den Lebewesen, die eine | Wirbelsäule haben. Und dies ist mit gutem Grund so eingerichtet; denn auch das Wahrnehmungsvermögen hat dort, wie wir behaupten, seinen Sitz, so daß

sich, wenn die Gegend um den Bewegungsursprung herum auf Grund der Sinneswahrnehmung eine Veränderung und eine Modifizierung erfährt, die anschließenden (Körper)teile mit verändern, indem sie sich ausdehnen und zusammenziehen, so daß deswegen mit Notwendigkeit die Bewegung | bei den Lebewesen zustande kommt. Der mittlere Teil des Körpers aber ist potentiell eine Einheit, aktualiter muß er dagegen zu mehreren (Teilen) werden; denn die Gliedmaßen werden auch gleichzeitig vom Bewegungsursprung her in Bewegung gesetzt, und wenn sich das eine (Glied) im Zustand der Ruhe befindet, bewegt sich das andere. Ich meine aber zum Beispiel: In der Figur *ABC* wird der Punkt *B* bewegt, der Punkt *A* dagegen setzt in Bewegung. Es muß sich aber doch auf jeden Fall etwas im Zustand der Ruhe befinden, wenn der eine Punkt | bewegt werden und der andere bewegen soll. Also wird der Punkt *A*, der potentiell eine Einheit ist, zwei Teile bilden, so daß er notwendigerweise keinen Punkt, sondern eine gewisse Größe darstellt. Es ist aber doch möglich, daß Punkt *C* gleichzeitig mit Punkt *B* bewegt wird, so daß die beiden Ausgangspunkte (der Bewegung) in *A* in Bewegung setzen müßten, indem sie sich (selbst) bewegen. Es muß also außer ihnen noch etwas anderes geben, was in Bewegung setzt, und zwar ohne sich zu bewe|gen. Denn die äußersten Punkte bzw. die Ausgangspunkte in *A* könnten sich zwar aufeinander
703 a stützen, wenn die Bewegung stattfindet, wie wenn Menschen | ihre Beine bewegten, indem sie sich mit dem Rücken aneinanderlehnen. Aber auf jeden Fall muß das, was beide bewegt, eins sein, das aber ist die Seele, die zwar etwas anderes ist als die betreffende Größe, aber in dieser vorhanden ist.

10. Nach unserer Lehre von der Ursache der | Bewegung ist nun das Streben das Mittlere, das in Bewegung setzt, während es sich bewegt; in den beseelten Körpern muß es aber eine solche körperliche Substanz geben. Dasjenige nun, was sich bewegt, aber von Natur aus nicht imstande ist, in Bewegung zu setzen, kann von seiten einer fremden Kraft eine Einwirkung erfahren; dasjenige dagegen, was in Bewegung setzt, muß über eine gewisse Kraft und Stärke verfügen. Es ist aber offensichtlich, daß alle Lebewesen | ein angeborenes Pneuma besitzen und durch dieses (Pneuma) stark sind. Welches nun die (Art und Weise der) Erhaltung des angeborenen Pneumas ist, ist an anderer Stelle gesagt worden. Dieses (Pneuma) scheint sich aber zu dem Seelenprinzip ebenso zu verhalten wie der Punkt in den Gelenken, der in Bewegung setzt und (selbst) bewegt wird, zu dem unbewegten (Punkt). Weil sich aber das Prinzip bei den einen im Herzen und bei den anderen in | dem entsprechenden Organ befindet, deswegen scheint auch das angeborene Pneuma dort seinen Sitz zu haben. Ob nun das Pneuma immer dasselbe ist oder sich immer als etwas anderes erweist, (das) soll eine andere Frage sein; denn dieselbe (Frage) stellt sich auch hinsichtlich der anderen (Körper)teile. Es ist aber offensichtlich von Natur dazu geeignet, in Bewegung zu setzen und Kraft zu verleihen. Die spezifischen Leistungen der | Bewegung bestehen aber in Stoßen und Ziehen, so daß es notwendig ist, daß sich das (der Bewegung dienende) Werkzeug sowohl ausdehnen als auch zusammenziehen kann. Eine solche Beschaffenheit hat aber das Pneuma; denn da es sich ohne Gewalteinwirkung zusammenzieht und ausdehnt, ist es einerseits auf Grund derselben Ursache dazu geeignet, zu ziehen und zu stoßen, und verfügt andererseits sowohl über eine (gewisse) Schwere im Vergleich mit den feurigen Substanzen als auch über eine (gewisse) Leichtigkeit im Vergleich mit den entgegengesetzten Substanzen. Das, was | bewegen soll, darf aber nicht auf Grund einer Veränderung eine solche Beschaffenheit haben; denn die natürlichen Körper beherrschen sich gegenseitig entsprechend der (jeweiligen) Überlegenheit, indem der leichte (Körper) in Richtung nach unten von dem schwereren und der schwere in Richtung nach oben von dem leichteren überwältigt wird.

Mit welchem (Körper)teil, während er (selbst) bewegt wird, die Seele bewegt und aus welchem Grunde (dies geschieht), ist nunmehr dargelegt worden. Man hat aber anzunehmen, daß | das Lebewesen gleichsam wie eine gut regierte Stadt eingerichtet ist. Denn auf der einen Seite bedarf man, wenn in der Stadt einmal die Ordnung hergestellt ist, in keiner Weise (mehr) eines besonderen Alleinherrschers, der bei jedem einzelnen Geschehnis zugegen sein muß, sondern jeder einzelne (Bürger) erfüllt seine Aufgaben, wie es angeordnet worden ist, und das eine geschieht nach dem anderen, entsprechend der Gepflogenheit; auf der anderen Seite geschieht in den Lebewesen genau dasselbe | durch die Natur, und zwar dadurch, daß jeder einzelne (Teil), nachdem die Dinge so eingerichtet sind, von Natur aus imstande ist, seine Aufgabe zu erfüllen, so daß es nicht notwendig ist, daß in jedem einzelnen (Teil) Seele vorhanden ist, die übrigen Teile vielmehr, da sich die Seele im Zentrum des Körpers befindet, | durch ihre natürliche Verbindung (mit ihr) leben und ihre (jeweilige) Aufgabe von Natur aus erfüllen.

11. Wie nun die Lebewesen die willkürlichen Bewegungen ausführen und aus welchen Gründen sie (dies tun), ist dargelegt worden; manche Teile führen aber in bestimmten Fällen auch un|willkürliche (Bewegungen) aus, in den meisten Fällen aber nicht willkürliche. Unter unwillkürlichen (Bewegungen) verstehe ich aber zum Beispiel sowohl die des Herzens als auch die des Geschlechtsgliedes – sie bewegen sich nämlich häufig beim Anblick eines Gegenstandes, nicht

jedoch auf Geheiß der Vernunft –, unter nicht willkürlichen dagegen zum Beispiel Schlaf, Erwachen, Atmung und alle anderen derartigen Bewegungen –| denn weder die Vorstellung noch das Streben ist schlechthin Herr über einen von diesen Vorgängen. Da aber die Notwendigkeit besteht, daß die Lebewesen natürliche Veränderungen erfahren und daß die (Körper)teile, wenn sie sich verändern, teils an Größe zunehmen, teils aber abnehmen, so daß sie bereits Bewegungen ausführen und Veränderungen durchmachen, die sich von Natur aus aneinander anschließen – die jeweilige Ursache für die | Bewegungen sind aber Wärme und Kälte, sowohl die Wärme und Kälte, die von außen kommt, als auch die natürliche im Inneren (des Körpers) –, entstehen auch die Bewegungen der genannten (Körperteile), die wider die vernünftige Überlegung stattfinden, wenn eine Veränderung eingetreten ist. Denn die Überlegung und die Vorstellung liefern, wie zuvor gesagt worden ist, die Gegenstände, welche die Affektionen hervorrufen; | sie liefern nämlich die Formen von den Gegenständen, die (die Affektionen) hervorrufen. Vornehmlich aber sind es diese (Körper)teile, die (diese Bewegung) deutlich ausführen, weil jeder der beiden gleichsam ein gesondertes Lebewesen ist. [Ursache hierfür ist aber, daß sie eine lebenspendende feuchte Substanz enthalten.] Was nun das Herz betrifft, so ist es klar, aus welchem Grunde (dies so ist): es enthält nämlich den jeweiligen Ausgangspunkt für die Sinneswahrnehmungen; daß aber das Zeugungsorgan | eine solche Beschaffenheit hat, dafür gibt es einen Beweis: denn aus ihm tritt gleichsam als eine Art Lebewesen die Kraft des Samens heraus. Mit gutem Grund verlaufen aber die Bewegungen sowohl von den Teilen zum Ausgangspunkt als auch vom Ausgangspunkt zu den Teilen und gelangen so zueinander. Man muß sich nämlich den Punkt *A* als Anfangspunkt denken. Die Bewegungen | im Bereich jedes einzelnen von den eingetragenen Buchstaben gelangen nun zum Anfangspunkt, und von dem Anfangspunkt (gelangt), wenn er sich bewegt und verändert, da er potentiell aus mehreren Teilen besteht, die (Bewegung) von Punkt *B* zu Punkt *B*, die von Punkt *C* zu Punkt *C* und die beider (Punkte) zu beiden. Von Punkt *B* zu Punkt *C* (gelangt die Bewegung) aber dadurch, daß sie von Punkt *B* zu Punkt *A* | wie zu einem Anfangspunkt, von Punkt *A* zu Punkt *C* dagegen wie von einem Anfangspunkt verläuft. Daß aber, wenn wir dieselben Überlegungen anstellen, die Bewegung, die wider die vernünftige Überlegung erfolgt, bisweilen in den (Körper)teilen stattfindet, bisweilen dagegen nicht, (dafür) ist der Umstand verantwortlich, daß |
704 a der Stoff, der für Einwirkungen empfänglich ist, bisweilen in ihnen vorhanden ist, bisweilen aber nicht in der geforderten Quantität oder Qualität.

Was nun die Teile jedes einzelnen Lebewesens und was | die Seele, 704 b
ferner, was die Sinneswahrnehmung, den Schlaf, das Gedächtnis und die Bewegung im allgemeinen betrifft, so haben wir die Ursachen für diese Erscheinungen dargelegt; es bleibt aber (noch) über die Entstehung zu sprechen.

ERLÄUTERUNGEN

EINLEITUNG

1. Echtheit und Datierung

Die kleine Abhandlung „Über die Bewegung der Lebewesen" ist von Düring „eine der bemerkenswertesten Schriften des Corpus Aristotelicum" genannt worden.[1] Sie ist es deshalb, weil Ar. mit ihr das Wagnis unternommen hat, das nach seinem Dafürhalten besonders schwierige Problem der auf dem Zusammenspiel seelischer und körperlicher Vorgänge beruhenden Selbstbewegung der Lebewesen[2] zu lösen. Um der Komplexität dieses Bewegungsmechanismus beizukommen, hat Ar. das gesamte Rüstzeug aufgeboten, das ihm in seiner Lehre von der Bewegung, in seiner Kosmologie, seiner Psychologie und schließlich in seiner Pneumatheorie zur Verfügung stand. Dabei ist es ihm freilich nicht immer ganz gelungen, die verschiedenen Problemkreisen entnommenen Argumente ohne spürbaren Bruch in der Gedankenführung miteinander zu verknüpfen[3] und Widersprüche zu vermeiden[4], so daß bei flüchtiger Lektüre unserer Abhandlung leicht der Eindruck entstehen kann, daß wir es hier mit einer bloßen Ansammlung von Theorien zu tun haben, die nur schwer miteinander zu verbinden sind. So ist es nicht verwunderlich, daß De mot. anim. im 19. Jahrhundert von namhaften Gelehrten, wie V. Rose und Ed. Zeller, für unecht erklärt wurde[5] und in der Aristotelesforschung kaum Beachtung gefunden hat. Farquharson und Jaeger, die ersten, die sich eingehend mit dem Text der Schrift befaßt haben, konnten jedoch überzeugend nachweisen, daß die gegen die Echtheit vorgebrachten Einwände, Heterogenität des Inhalts, Abweichungen von der Pneuma- und Seelenlehre des echten Aristoteles und ein angeblicher Verweis auf die nacharistotelische Abhandlung De spir., einer genauen Prüfung nicht stand-

1 Düring, Aristoteles, 295.

2 Siehe Arist., Phys. VIII 2, 253 a 7–9.

3 Das gilt z. B. für den Übergang von Kap. 2 zu Kap. 3, für den Übergang von Kap. 5 zu Kap. 6 oder auch für die Einführung des Pneumabegriffs zu Beginn des 10. Kapitels.

4 Siehe z. B. unten den Komm. zu S. 17,18 und 20,27–30.

5 Siehe Rose, 163–167; Zeller, 97 Anm. 2, und 938–940; vgl. auch Brandis, 1271 Anm. 482, und 1325.

halten,[1] so daß die Verfasserschaft des Ar. in der neueren Forschung nicht mehr ernsthaft bezweifelt wird.[2]

Wie aus dem Einleitungssatz unserer Schrift (698 a 1–7) hervorgeht, wurde De mot. anim. von Ar. als Fortsetzung zu De inc. anim. konzipiert.[3] Beide Schriften haben die Eigenbewegung der Lebewesen zum Gegenstand: In De inc. anim. ging es Ar. zunächst vor allem darum, den äußeren Bewegungsmechanismus in Abhängigkeit von der Funktion der bei den verschiedenen Arten von Lebewesen unterschiedlichen Bewegungsorgane darzustellen; das erklärte Ziel von De mot. anim. ist es dagegen, die allen Lebewesen gemeinsame letzte Ursache der Bewegung zu untersuchen, d. h., eine Antwort auf die Phys. VIII 4, 254 b 29f. gestellte Frage zu finden, wie man bei der Eigenbewegung die Grenze zwischen dem Bewegenden und dem Bewegten zu ziehen hat. Mit anderen Worten, bei De mot. anim. handelt es sich ebenso wie bei De inc. anim. um eine Schrift zur Bewegungsphysiologie, die als solche mit Recht ihren Platz unter den zoologischen Schriften des Ar. findet. Ihr diesen Platz streitig zu machen, wie Nussbaum dies tut,[4] weil sie „large sections"[5] enthalte, die kosmologischen Problemen gewidmet sind, und weil Ar. sich nicht auf die Behandlung der mit der animalischen Bewegung verbundenen Probleme beschränkt, die Bewegung der Lebewesen vielmehr mit der Himmelsbewegung verglichen und kontrastiert habe, besteht unseres Erachtens kein Grund. Denn erstens lassen die Ausführungen des Ar. keinen Zweifel daran, daß ihm alles daran lag, die animalische Bewegung in ihrer Besonderheit begreiflich zu machen und letztlich als rein körperliches, auf dem Zusammenwirken physiologischer und psychischer Vorgänge be-

1 Siehe Farquharson, im Kommentar zu seiner Übersetzung von De mot. anim., und Jaeger, Das Pneuma im Lykeion, 31–49. Vgl. auch Torraca, Autenticità, und Nussbaum, De Motu Animalium, 3–10.

2 Siehe Düring, Aristoteles, 295; Nussbaum, The text, 112 Anm. 3; dies., De Motu Animalium, 3. Die beiläufige Bemerkung von Balme, 162, De mot. anim. „may be a late work of Aristotle or even post-Aristotelian", ist kein Argument gegen diese generelle Feststellung, da er sich mit dem Problem der Verfasserschaft unserer Schrift nicht weiter beschäftigt hat und darüber hinaus die Echtheit, wie die Formulierung beweist, zumindest für möglich hält.

3 Zur Datierung der beiden Schriften s. unten S. 31 u. 94f.

4 Nussbaum, De Motu Animalium, 108; vgl. auch Düring, Aristoteles, 295f. u. 337–345, der De mot. anim. ebenfalls aus dem Kontext der zoologischen Schriften herausgelöst und unter die physikalischen Schriften eingereiht hat.

5 In Wirklichkeit handelt es sich nur um eine einzige längere Passage, um Kap. 3 und die erste Hälfte von Kap. 4.

ruhendes Geschehen darzustellen,[1] und zweitens darf man auch nicht verkennen, daß Ar. angesichts seiner nicht ausreichenden anatomischen Kenntnisse und in völliger Unkenntnis der komplizierten Vorgänge in der Nerven- und Muskelphysiologie, die zu erforschen erst mit Hilfe der modernen Naturwissenschaften möglich wurde, gar nicht anders konnte, als die Eigenbewegung der Lebewesen in den größeren Rahmen seiner allgemeinen Lehre von der Bewegung zu stellen und die für ihn als solche nicht erkennbaren physiologischen Prozesse im tierischen und menschlichen Körper mit Hilfe der von ihm entwickelten Vorstellungen von dem Bewegungsablauf im Kosmos zu erklären[2]. Zu der Annahme von Nussbaum, Ar. habe die Untersuchung kosmologischer Probleme gleichsam zu einem zweiten, gleichberechtigten Programmpunkt in De mot. anim. erhoben,[3] berechtigen weder die einleitende methodologische Feststellung, daß die allgemeinen Theorien mit Hilfe der sinnlich wahrnehmbaren Gegebenheiten aufzustellen sind und daß das Allgemeine mit dem Besonderen im Einklang stehen muß (De mot. anim. 1, 698 a 11–14), die Nussbaum zur Stütze ihrer These heranzieht, noch die folgenden Ausführungen im Detail.

In dem kosmischen Bewegungssystem, von dem Ar. bei seiner Untersuchung ausgeht (s. De mot. anim. 1, 698 a 7–11), hatte er zwischen drei Gliedern unterschieden: dem, was bewegt, ohne selbst bewegt zu sein, dem unbewegten Beweger, dem, was bewegt, während es selbst bewegt ist, der ewigen Kreisbewegung der äußersten Himmelssphäre, und dem, was bewegt wird, ohne etwas anderes zu bewegen, den Bewegungen in der sublunaren Welt. Die Übertragung dieses Modells auf die Eigenbewegung der Lebewesen, die deswegen nahezuliegen schien, weil die animalische Bewegung ebenso wie die kosmische ein eigenes Bewegungssystem darstellt, erwies sich indessen als nicht ganz unproblematisch, da die beiden Systeme nur bedingt miteinander zu vergleichen waren. Mit dem Postulat des unbewegten Bewegers hatte Ar. zwar die für das Zustandekommen jeglicher Bewegung erforderliche unbewegte Bewegungsursache bereitgestellt, sich aber infolge der Tatsache, daß er dem unbewegten Beweger als dem Verursacher der ewigen und unveränderlichen Himmelsbewegung jede Größenausdehnung absprechen mußte,[4] der Möglichkeit begeben, den ersten Beweger physikalisch, d. h. als unbewegten Ursprung der Himmelsbewegung und zugleich als den von ihm für die Ortsbewegung als not-

[1] Vgl. unten S. 58, den Komm. zu S. 20,27–30.

[2] Vgl. unten S. 37, den Komm. zu S. 9,9–13, u. S. 46, den Komm. zu S. 15,8–24.

[3] Nussbaum, De Motu Animalium, 115f.

[4] Phys. VIII 10, 267 b 17–26.

wendige Voraussetzung geforderten unbewegten Stützpunkt außerhalb des sich Bewegenden (vgl. De mot. anim. 2 u. 3, 698 b 8–15 u. 699 a 14–16; De inc. anim. 3, 705 a 6–8), zu deuten. Daß Ar. die kosmische Bewegung im VIII. Buch seiner „Physik" als physikalisches Geschehen darzustellen bemüht war, beweist meines Erachtens nicht nur die Tatsache, daß er hier mit der Lokalisierung des unbewegten Bewegers an der Peripherie des Weltalls diesen räumlich so nahe wie möglich an das von ihm bewegte System heranrückt[1], sondern ebenso auch der Umstand, daß er seine Untersuchung mit der Feststellung abbricht, daß der erste Beweger unteilbar ist, nicht aus Teilen besteht und keine Größe hat[2]. Die Frage, wie dieser Beweger den Himmel bewegt, wird nicht mehr gestellt, mit gutem Grund, wie ich meine. Denn das ohne Größenausdehnung, d. h. körperlos, vorgestellte *πρῶτον κινοῦν μὴ κινούμενον*, das „ewig Schöne" und „wahrhaft und primär Gute" (De mot. anim. 6, 700 b 32f.), das entsprechend der Lehre vom ersten Beweger im Λ der „Metaphysik"[3] deswegen bewegt, weil es höchstes Ziel und als solches Gegenstand des Strebens für das Weltall ist, konnte nicht Objekt der Wissenschaft von der Natur sein, die es nach der Definition des Ar.[4] mit Größen, Bewegung und Zeit, seien sie unendlich oder begrenzt, zu tun hat.

Wir können uns vorstellen, daß Ar. die mit der Postulierung des unbewegten Bewegers verbundene Verlagerung des Problems der kosmischen Bewegung von der physikalischen auf die philosophische Ebene, deren er sich sehr wohl bewußt war, wie der Verzicht auf die Behandlung der Frage, wie der unbewegte Beweger die Himmelssphäre bewegt, im Rahmen der Physikvorlesung zeigt, von anderer Seite zum Vorwurf gemacht worden ist. Und das dürfte denn auch der Grund dafür gewesen sein, daß er die Darstellung der Eigenbewegung der Lebewesen, genauer gesagt, die in diesem Zusammenhang zu treffende Feststellung, daß es außerhalb der Lebewesen etwas Unbewegtes geben müsse, auf das gestützt, sie sich fortbewegen können, zum Anlaß nahm, sich erneut mit der Frage, was den Himmel bewegt und wo das, was ihn bewegt, zu lokalisieren ist (s. De mot. anim. 3, 699 a 12–14), auseinanderzusetzen. Das geschieht allerdings – daran lassen die folgenden Ausführungen des Ar. (699 a 14–700 a 6) keinen Zweifel – lediglich zu dem Zweck, den Beweis zu erbringen, daß der Ursprung der Himmelsbewegung physikalisch nicht zu erklären ist, und damit die Richtigkeit seiner Theorie vom unbewegten Beweger als dem Ausgangspunkt der Himmelsbewegung zu

[1] Ebd., 267 b 6–9.
[2] Ebd., 267 b 25f.
[3] Siehe bes. Kap. 6–8, 1071 b 3–1074 b 14. Vgl. Düring, Aristoteles, 209–219.
[4] Phys. III 4, 202 b 30–32.

bestätigen. Daran mußte er um so mehr interessiert sein, als er seine Vorstellungen vom Bewegungsablauf im animalischen Körper in entscheidenden Punkten in Anlehnung an die teleologisch begründete Lehre vom ersten Beweger entwickelt hat (s. De mot. anim. 6–9, 700 b 4–703 a 3).

Einen Anhaltspunkt für die Datierung von De mot. anim. bieten die Verweise auf andere Schriften des Ar., deren Zahl angesichts der Kürze unserer Abhandlung auffallend groß ist. Mit Sicherheit wird auf De inc. anim. (698 a 1–4), De an. (700 b 4–6; 704 a 3f.), Phys. VIII (698 a 9; 700 a 29), Met. Λ (700 b 8f.), De gen. et corr. (700 a 28f.), De part. anim. (704 a 3), De sens., De somn., De mem. (704 b 1) und De gen. anim. (704 b 2f.) Bezug genommen. Da bis auf das Werk De gen. anim., dessen Abfassung in Aussicht gestellt wird, alle genannten Schriften als bereits geschrieben vorausgesetzt werden, bedeutet das für die relative Chronologie, daß De mot. anim. auf jeden Fall nach De inc. anim., Met. Λ, De gen. et corr., De part. anim., De an. und den Parva naturalia verfaßt sein muß. Wenn wir darüber hinaus annehmen dürfen, daß von den in unserem Text benutzten Schriften De an., die Parva naturalia und Phys. VIII der späten Schaffensperiode des Ar., d. h. der Zeit seines zweiten Aufenthalts in Athen von 334 bis 323 angehören,[1] so folgt daraus, daß De mot. anim. ebenfalls erst in dieser Periode entstanden sein kann.[2]

2. *Inhaltsübersicht*

Kap. 1: Struktur der Körpergelenke und ihre Funktion als Ausgangspunkte der Bewegung

Kap. 2: Der für die Eigenbewegung von Mensch und Tier erforderliche ruhende Stützpunkt außerhalb des sich bewegenden Lebewesens

Kap. 3 und 4: Kritik an früheren bzw. rivalisierenden Lehren vom Ursprung der Himmelsbewegung

Kap. 5: Die im Entstehen, in der Veränderung, im Wachstum und im Vergehen bestehenden Bewegungsformen des Lebewesens und der ihnen zugrunde liegende Bewegungsmechanismus

[1] So für De an. Theiler, 76, und Düring, Aristoteles, 52; für die Parva naturalia Theiler, ebd., und Düring, ebd.; vgl. auch Ross, 17; für Phys. VIII Düring, ebd., 293–295; vgl. auch Wagner, 286.

[2] Siehe auch Düring, Aristoteles, 52, der De mot. anim. zu den reifsten Schriften des Corpus Aristotelicum zählt, und Nussbaum, De Motu Animalium, 12, die unsere Schrift in das Ende des zweiten Athenaufenthalts datiert, während Theiler, 76, die Jahre um 330 als Entstehungszeit für De mot. anim. angibt.

Kap. 6: Das Streben nach etwas als Ursprung der Bewegung der Lebewesen
Kap. 7
und 8 (bis 702 a 21): Der durch das Streben ausgelöste Bewegungsablauf im Körper
Kap. 8 (ab 702 a 21)
und 9: Der Sitz der bewegenden Seele
Kap. 10: Das Pneuma als Werkzeug der Seele
Kap. 11: Die unwillkürlichen und nicht willkürlichen Körperbewegungen und der ihnen zugrunde liegende Bewegungsmechanismus

3. Zur Überlieferungsgeschichte

Die eingehende Untersuchung der Textüberlieferung zu De mot. anim. von Nussbaum[1] enthebt uns der Aufgabe, auf die mit der Überlieferungsgeschichte dieser Schrift verbundenen Probleme im einzelnen einzugehen. Kurz zusammengefaßt läßt sich folgendes sagen:

a) Handschriften

Die handschriftliche Tradition bildet zwei Überlieferungszweige (*a* und *b*). Von den 10 Kodizes, die Nussbaum für die Herstellung des Textes benutzt hat, gehören der Paris. gr. 1853 aus dem 10. Jh. (=*E*), der Vatic. gr. 261 aus dem 13./14. Jh. (=*Y*) und der Vatic. gr. 266 aus dem 14. Jh. (=*V*) der *a*-Familie an. Die *b*-Gruppe wird durch die Handschriften Laur. gr. 81,1, 12./13. Jh. (=*S*), Marc. gr. Z 209, 12./13. Jh. (=O^d), Marc. gr. Z 214, 13./14. Jh. (=H^a), Vatic. gr. 253, Anfang 14. Jh. (=*L*), Ambros. H 50 sup., 12./13. Jh. (=*X*), Vatic. gr. 1339, 14. Jh. (=*P*) und Vatic. gr. 258, Anfang 14. Jh. (=*N*) repräsentiert. Sie teilt sich wiederum in zwei Gruppen, b_1, vertreten durch die Kodizes *S* und O^d, und einen zweiten Strang, dem die verlorengegangene Vorlage angehört, aus der sich b_2 (der Consensus von H^aLX) sowie unabhängig voneinander die beiden Handschriften *N* und *P* herleiten, wobei *P* jedoch gelegentlich auch Lesarten bietet, die auf eine von *a* und *b* unabhängige Tradition zurückgehen.

Da Nussbaum ihre Edition mit den von ihr benutzten 10 Handschriften auf eine breitere Textgrundlage gestellt hat, als dies zuvor geschehen ist,[2]

[1] Siehe The text, 111–134; vgl. auch De Motu Animalium, 13–17.

[2] Von den insgesamt 44 Handschriften, in denen der Text von De mot. anim. überliefert ist (s. Nussbaum, The text, 115 mit Anm. 13, und De Motu Animalium, 13 mit Anm. 2; eine vollständige Liste der Handschriften findet sich in der Ausgabe von Louis, 46–48), sind von den früheren Herausgebern nur die Kodizes *E*, *Y*, *S*, *P* und *X* herangezogen worden. Bei genauerer

und sie überdies auf Grund einer erneuten Überprüfung der bereits vorliegenden Kollationsergebnisse zahlreiche Irrtümer aufdecken konnte, war es ihr möglich, sowohl die zwischen den Handschriften bestehenden Abhängigkeitsverhältnisse als auch den Wert der einzelnen Kodizes bzw. der verschiedenen Überlieferungsstränge genauer zu bestimmen und damit zugleich eine sicherere Ausgangsposition für die Textkonstituierung zu schaffen. Als besonders wichtig sei die Feststellung hervorgehoben, daß keinem der beiden Hauptüberlieferungszweige prinzipiell der Vorrang vor dem anderen einzuräumen ist, sondern beide in ihrem Überlieferungswert gleichberechtigt nebeneinanderstehen.[1] Denn damit war ein größerer Spielraum für textkritische Entscheidungen gegeben, der es Nussbaum ermöglichte, den Text an einer Reihe von Stellen gegenüber dem der früheren Ausgaben zu verbessern.[2]

b) Sekundärüberlieferung

Weitere Textzeugen sind der Kommentar zu De mot. anim. von Michael Ephesius (12. Jh.[3]), hrsg. von M. Hayduck, in: Commentaria in Aristotelem Graeca XXII 2, Berlin 1904, 103–131, und die lateinischen Übersetzungen der Schrift von Wilhelm von Moerbeke (um 1215–um 1286), ediert von L. Torraca in seiner Ausgabe von De mot. anim., Neapel 1958, 54–63, und von Nicolaus Leonicus Thomaeus (um 1456–um 1533), gedruckt in: Aristotelis Opera, hrsg. von I. Bekker, Bd. III, Berlin 1831, 342–345. Der textkritische Wert der Sekundärüberlieferung ist verhält-

Prüfung des Handschriftenbestandes hatte Nussbaum jedoch feststellen können, daß die Handschriften V, O^d, H^a, L und N vor allem für die Klärung der Überlieferungsverhältnisse, aber auch für die Textherstellung selbst gleichfalls von Nutzen sind.

1 Siehe Nussbaum, The text, 118, und De Motu Animalium, 14.

2 Es sei jedoch darauf hingewiesen, daß es sich bei den „richtigen" Lesarten, die Nussbaum in den Text genommen hat, nicht immer um ursprüngliches Traditionsgut handelt, wie dies die Angaben im kritischen Apparat glauben machen. Denn zumindest für die Stellen, an denen sich die richtige Lesart gegen den Consensus der übrigen Kodizes im Falschen entweder nur in einer Handschrift (mit Ausnahme von *P*, sofern angenommen werden kann, daß die gebotene Lesart aus der von *a* und *b* unabhängigen Tradition stammt) oder nur in b_1 oder b_2 findet (z. B. 702 b 19 *καὶ πρὸς* richtig *X*: *πρὸς* [*καὶ N*] falsch cett.; 700 a 26 *αὐτῷ αὐτὸ* richtig b_2: *αὐτὸ αὐτὸ* [*αὐτὸ S*: *αὐτὸ Y*] falsch cett.; 701 b 4 *ὀχούμενος* richtig b_1: *ὀχούμενον* falsch cett.), ergibt sich zwangsläufig, daß der jeweilige Fehler bereits in der gemeinsamen Vorlage von *a* und *b* gestanden haben muß, die richtige Lesart also nur auf dem Wege der Korrektur entstanden sein kann.

3 Zur Datierung vgl. Nussbaum, The text, 133 Anm. 56, und De Motu Animalium, 16.

nismäßig gering, da weder der Kommentar des Michael Ephesius noch die beiden Übersetzungen eine über die handschriftliche Tradition hinausgehende Überlieferung repräsentieren.[1] Der Kommentar des Michael stellt auch für die Interpretation des Textes nur bedingt eine Hilfe dar, zumindest versagt er überall dort, wo das Textverständnis sich als besonders schwierig erweist.

c) Ausgaben und Übersetzungen

Jaeger, W., Leipzig 1913. Die von Jaeger mit großem Sachverstand besorgte Edition war im besten Sinne eine Pionierleistung, die in ihrem Wert bis heute unbestritten ist.

Forster, E. S., 3. Aufl., London u. Cambridge, Mass. 1955 (Loeb Classical Library), mit englischer Übersetzung. Die Edition basiert auf dem Text der Ausgabe von Bekker, von dem sie nur selten abweicht, berücksichtigt aber an einer Reihe von Stellen die Korrekturen von Jaeger und bietet auch eigene erwägenswerte Textvorschläge. Als textkritische Ausgabe ist sie ohne Bedeutung, da im kritischen Apparat nur die Abweichungen von Bekkers Text und Konjekturen notiert werden.

Torraca, L., Neapel 1958, mit italienischer Übersetzung. Die Ausgabe enthält außerdem einen in seiner sachlichen Aussage häufig unbefriedigenden, knappen Kommentar und eine kritische Ausgabe der lateinischen Übersetzung unserer Schrift von Wilhelm von Moerbeke, die um so verdienstvoller ist, als sie die erste Edition dieser Übersetzung überhaupt darstellt. Die Gestaltung des griechischen Textes weist Mängel auf, die vor allem aus der Überbewertung der Handschriften aus der *b*-Gruppe resultieren; die Angaben im kritischen Apparat sind unvollständig und bisweilen irreführend (vgl. Dürings Rezension und Nussbaum, The text, 114).

Louis, P., Paris 1973, mit französischer Übersetzung. Da Louis bei der Textgestaltung außerordentlich konservativ vorgegangen ist und zudem den Wert der Handschrift *E* ungebührlich hoch veranschlagt hat, bietet seine Edition einen Text, der hinter den mit der Ausgabe von Jaeger erreichten Stand zurückfällt.

Nussbaum, M. C., Princeton 1978, mit guter englischer Übersetzung und ausführlichem Kommentar, der durch fünf Essays ergänzt wird, in denen Nussbaum an ausgewählten Themen von prinzipieller Bedeutung aufzuzeigen versucht, welchen Platz De mot. anim. in dem Gesamtwerk des Ar. einnimmt und worin der spezielle Beitrag besteht, den die Schrift sowohl in theoretischer als auch in methodologischer Hinsicht leistet. Die Gründe dafür, daß diese Edition künftig als wissenschaftlich maßgebende Ausgabe zu gelten hat, wurden bereits oben S. 32f. dargelegt.

[1] Siehe dies., The text, 116f. u. 133f., und De Motu Animalium, 14 u. 16f.

Farquharson, A. S. L., Oxford 1912 (The Oxford Translation of Aristotle, Bd. V). Englische Übersetzung mit Kommentar, in dem Farquharson unter anderem auch mehrere wertvolle Verbesserungsvorschläge zum griechischen Text gemacht hat. Diese Übersetzung war mir bedauerlicherweise nicht zugänglich.

Preus, A., Hildesheim – New York 1981 (Studien und Materialien zur Geschichte der Philosophie 22). Englische Übersetzung der Aristotelesschrift und des Kommentars von Michael Ephesius mit Einleitung und Anmerkungen. Die Übersetzung von De mot. anim. folgt dem griechischen Text und der englischen Übersetzung von Nussbaum.

4. *Bemerkungen zur Übersetzung*

Unserer Übersetzung liegt die Ausgabe des griechischen Textes von Nussbaum zugrunde. Die wenigen Fälle, in denen die Übersetzung von diesem Text abweicht, sind in den Anmerkungen erwähnt. Erklärende Zusätze, die zum Verständnis des deutschen Wortlauts erforderlich erschienen, sind durch runde Klammern gekennzeichnet, Parenthesen im griechischen Text durch Gedankenstriche.

5. *Verzeichnis der benutzten Literatur*

Allan, D. J., The practical syllogism, in: Autour d'Aristote. Recueil d'études de philosophie ancienne et médiévale offert à Monseigneur A. Manson, Louvain 1955, 325–340

Balme, D. M., Aristotle's De Partibus Animalium I and De Generatione Animalium I (with passages from II. 1–3), Oxford 1972

Brandis, Chr. Aug., Handbuch der Geschichte der griechisch-römischen Philosophie II 2: Aristoteles und seine akademischen Zeitgenossen, Berlin 1857

Cherniss, H., Aristotle's criticism of Plato and the Academy, Bd. 1, Baltimore 1944 (2. Aufl. 1946)

Düring, I., Rez. zu: Aristotele De motu animalium. A cura di Luigi Torraca, Napoli 1958, in: Gnomon 31, 1959, 415–418

Düring, I., Aristoteles. Darstellung und Interpretation seines Denkens, Heidelberg 1966 [zitiert: Düring, Aristoteles]

Düring, I., Art. „Aristoteles", in: RE Suppl.-Bd. XI, Stuttgart 1968, 159–336 [zitiert: Düring, „Aristoteles"]

Even-Granboulan, G., Le syllogisme pratique chez Aristote, Les Études Philosophiques 1976, 57–78

Gardener, P., Catalogue of the Greek vases in the Ashmolean Museum, Oxford 1893

Jaeger, W., Das Pneuma im Lykeion, Hermes 48, 1913, 29–74

Jaeger, W., Aristoteles. Grundlegung einer Geschichte seiner Entwicklung, 2. veränderte Aufl., Berlin 1955

Kádár, Z., Survivals of Greek zoological illuminations in Byzantine manuscripts, Budapest 1978

Kenny, A., Aristotle's theory of the will, New Haven 1979

Kollesch, J., De motu anim. 701 b 2–9, Philologus 104, 1960, 143f.

Kullmann, W., Wissenschaft und Methode. Interpretationen zur Aristotelischen Theorie der Naturwissenschaft, Berlin – New York 1974

Nussbaum, M. C., The text of Aristotle's De Motu Animalium, Harvard Studies in Classical Philology 80, 1976, 111–159

Peck, A. L., Aristotle, Generation of Animals, hrsg. u. übers., London u. Cambridge, Mass. 1953 (Loeb Classical Library)

Rose, V., De Aristotelis librorum ordine et auctoritate commentatio, Berlin 1854

Ross, D., Aristotle, Parva Naturalia, hrsg. u. erl., Oxford 1955

Sambursky, S., Das physikalische Weltbild der Antike, Zürich – Stuttgart 1965

Solmsen, F., The vital heat, the inborn pneuma and the aether, Journal of Hellenic Studies 77, 1957, 119–123

Theiler, W., Aristoteles, Über die Seele, Berlin 1959 (Aristoteles, Werke in dtsch. Übersetzung, hrsg. von E. Grumach, Bd. 13)

Torraca, L., Sull'autenticità del De motu animalium di Aristotele, Maia 10, 1958, 220–233

Tracy, Th. J., Physiological theory and the doctrine of the mean in Plato and Aristotle, The Hague – Paris 1969

Verbeke, G., Doctrine du pneuma et entéléchie chez Aristote, in: Aristotle on mind and the senses, hrsg. von G. E. R. Lloyd u. G. E. L. Owen, Faculty of Classics, University of Cambridge 1978, 191–214

Wagner, H., Aristoteles, Physikvorlesung, Berlin 1967 (Aristoteles, Werke in dtsch. Übersetzung, hrsg. von E. Grumach, Bd. 11)

Wernicke, K., Art. „Boreas" (Nr. 2), in: RE, Bd. III, Stuttgart 1899, 721–730

Zeller, Ed., Die Philosophie der Griechen in ihrer geschichtlichen Entwicklung dargestellt, Teil II 2: Aristoteles und die alten Peripatetiker, 4. Aufl., Leipzig 1921

ANMERKUNGEN

Kapitel 1

Gegenstand der vorliegenden Untersuchung ist das Problem der Selbstbewegung der Lebewesen. Wie die Bewegung des Alls setzt auch die der Lebewesen etwas Unbewegtes, Ruhendes voraus, das die Lebewesen zunächst einmal in sich selbst haben müssen. Als Ruhepunkte dieser Art fungieren die Gelenke, die gleichsam einen aus zwei Teilen bestehenden Mittelpunkt darstellen, so daß in ihnen, wenn Bewegung stattfindet, jeweils ein Teil als Ausgangspunkt der Bewegung im Zustand der Ruhe verharrt, während der andere sich bewegt. Die in den Gelenken befindlichen Ausgangspunkte der Bewegung bewegen immer die nach unten angrenzenden Gliedmaßen bzw. Teile von ihnen: das Schultergelenk den ganzen Arm und der Ellenbogen den Unterarm, das Hüftgelenk das ganze Bein und das Kniegelenk den Unterschenkel.

9,3 f. (698 a 4) „an anderer Stelle". Der Verweis bezieht sich auf die Schrift De inc. anim., in der Ar. die verschiedenen Fortbewegungsarten der Lebewesen unter Berücksichtigung der durch den unterschiedlichen anatomischen Bau bedingten gattungsmäßigen Unterschiede behandelt hat, während die vorliegende Abhandlung die Bewegungsfähigkeit der Lebewesen im allgemeinen zum Gegenstand hat (vgl. Jaeger, Das Pneuma im Lykeion, 39, und Düring, Aristoteles, 510).

9,7 f. (a 6f.) „teils auf andere entsprechende Arten". Als weitere Bewegungsarten neben Fliegen, Schwimmen und Gehen nennt Ar. EN X 3, 1174 a 31 das Springen und De part. anim. I 1, 639 b 3 das Kriechen.

9,9–13 (a 7–11) In diesem Satz faßt Ar. seine Lehre von der Bewegung, wie er sie im achten Buch der Physik entwickelt hat, zusammen: Am Anfang der Bewegungskette steht das erste Prinzip der Bewegung, das selbst ewig und unbewegt ist. Dieses Bewegungsprinzip ist der Ausgangspunkt für die Bewegung dessen, was sich selbst bewegt, die äußerste Himmelssphäre, deren Bewegung kreisförmig und als solche ewig ist, während diese Kreisbewegung ihrerseits die Ursache für alle anderen Bewegungen, d. h. für alle Bewegungen innerhalb des Weltalls, darstellt (s. Düring, Aristoteles, 329–337). Die Lehre vom unbewegten Beweger hat Ar. auch Met. Λ, bes. Kap. 6–8, behandelt. Dort hatte er zu zeigen versucht, daß der erste Beweger deswegen bewegt, weil er höchstes Ziel und damit Gegenstand des Strebens für das Weltall ist. Siehe auch den Hinweis auf Met. Λ oben Kap. 6, 700 b 6–9.

9,17–10,8 (a 14–b 4) Das Problem, daß sich im Lebewesen bei der Bewegung eines Teils ein anderer im Zustand der Ruhe befinden muß, hat Ar. De an. III 10, 433 b 21–27 am Beispiel der Türangel veranschaulicht.

9,22 (a 17) „die Gelenke". Von wenigen Ausnahmen in anderen Schriften abgesehen, verwendet Ar. zur Bezeichnung der Gelenke anstelle des im medizinischen Schrifttum üblichen Ausdrucks *ἄρθρον* das Wort *καμπή* (= Beuge). Der Grund für diesen abweichenden Sprachgebrauch dürfte darin zu sehen sein, daß es Ar. vor allem auf die Beugefunktion der Gelenke ankam und nicht so sehr auf ihre anatomische Struktur als gelenkige Verbindung zweier Knochen.

9,22–10,8 (a 18–b 4) Ar. vergleicht die Gelenke mit dem Mittelpunkt eines Kreises (vgl. auch De an. III 10, 433 b 26): Wie man sich vorstellen könnte, daß in einem Kreis vom Mittelpunkt aus eine Hälfte des Durchmessers bewegt wird, während die andere unbewegt bleibt, so kann z. B. beim Arm vom Ellenbogengelenk aus der Unterarm bewegt werden, während der Oberarm unbewegt ist.

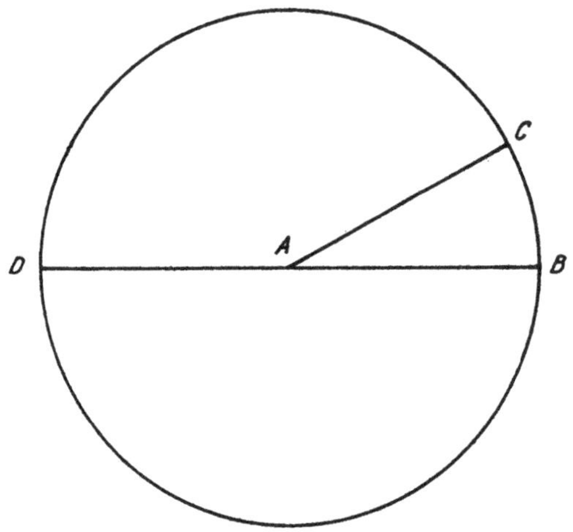

Abb. 1

Die Beschreibung des mathematischen Vorgangs bezieht sich auf ein Diagramm, das Ar. seinen Ausführungen beigegeben hatte, wie auch die Ausführungen Kap. 9, 702 b 28–33 und Kap. 11, 703 b 29–36 ursprünglich von Diagrammen begleitet waren. Die graphischen Darstellungen des Ar. sind im Original verlorengegangen. Zu 698 a 22–24 bringt Michael Ephesius in seinem Kommentar zu De mot. anim., CAG XXII 2, 105, eine Zeichnung, die er offenbar nach der Beschreibung des Ar. rekonstruiert hat und die der des Ar. weitgehend entsprechen dürfte (s. Abb. 1). Mit dieser geometrischen Darstellung des für die Lebewesen gültigen Bewegungsprinzips hat Ar. ebenso wie mit den beiden anderen Diagrammen in De mot. anim. und ähnlichen Zeichnungen in De inc. anim. (707 b 26f. u. 712 a 2–8) die ältesten biokinetischen Modelle geschaffen, wie sie auch heute noch in der Biologie zu didaktischen Zwecken Anwendung finden (s. Kádár, 31 u. 32).

Ar. war sich jedoch dessen bewußt, daß das von ihm angeführte mathematische Beispiel als Modell für die Bewegung in den Gelenken nur bedingt zutrifft; denn während der Mittelpunkt im Kreis unteilbar ist und dort in Wirklichkeit keine Bewegung stattfinden kann, bestehen die Gelenke seiner Ansicht nach immer aus zwei Teilen (zwei Gelenkflächen), die gegeneinander beweglich sind. Daher trifft die Theorie des Ar., daß sich der jeweilige Ausgangspunkt der Bewegung zum Zeitpunkt der von ihm ausgelösten Bewegung im Zustand der Ruhe befinden muß, zwar im Hinblick auf die Gelenke zu (z. B. bleibt im Schultergelenk der eine Teil – gemeint ist die Gelenkpfanne – als Bewegungsursprung im Zustand der Ruhe, wenn von dort aus der Arm einschließlich des Gelenkkopfes, der den zweiten Bestandteil des Gelenkes bildet, bewegt wird), nicht aber auf die gedachte Bewegung des Modells.

10,2–8 (b 1–4) Das hier angeschnittene Problem der Bedeutung der Gelenke für die Bewegung der Lebewesen hat Ar. ausführlich in De inc. anim. behandelt.

Kapitel 2

Die Selbstbewegung der Lebewesen ist nur möglich, wenn es auch außerhalb dessen, was sich bewegt, etwas Unbewegtes gibt, auf das sich das Lebewesen bei seiner Bewegung stützen bzw. an dem es einen Halt finden kann. Für die Landtiere ist dies der Erdboden, für die Vögel die Luft und für die Wassertiere das Wasser. Das, was als Stützpunkt dient, muß von dem, was sich bewegt, verschieden sein. Beweis: Ein Schiff kann man nur von außen, d. h. vom Ufer aus, durch Druck gegen einen Teil des Schiffes vorwärts bewegen, nicht aber, wenn man sich dabei selbst auf dem Schiff befindet.

10,13 f. (b 8f.) Mit diesem Satz berührt Ar. einen Kernpunkt seiner Lehre von der Bewegung, nämlich daß Bewegung nur dann möglich ist, wenn es außerhalb dessen, was sich bewegt, etwas Ruhendes gibt. Für die Lebewesen ist das Unbewegte, das die Bewegung ermöglicht, das Medium, auf dem bzw. in dem sie sich fortbewegen, d. h. ein Stützpunkt im physikalischen Sinne, für das All ist es dagegen der unbewegte Beweger, der aber nicht mehr als Stützpunkt dient, sondern „den logischen Anfang der Bewegungskette" darstellt (Düring, Aristoteles, 340; vgl. auch Jaeger, Aristoteles, 382f.). Ar. ist sich der Verlagerung des Problems von der rein physikalischen auf die logische Ebene sehr wohl bewußt, offenbar hat er aber keinen Ausweg aus diesem Dilemma gefunden und vertröstet den Leser deshalb auf eine spätere Behandlung der Frage nach einem unbewegten Beweger in der Region des Himmels (s. oben 700 a 20f.).

10,22 (b 15f.) „Den Mäusen – Acker". Der überlieferte Text *τοῖς μυσὶ* (*ποσὶ E*) *τοῖς ἐν τῇ γῇ*, der ein Beispiel dafür bieten soll, daß Vorwärtsbewegung auf einem Untergrund, der ständig nachgibt, für ein Lebewesen unmöglich oder zumindest sehr schwierig ist, hat Anlaß zu Korekturen geboten, da es unverständlich erschien, daß der Erdboden nachgeben sollte, wenn Mäuse sich darauf vorwärts bewegen. Um diese Schwierigkeit zu beheben, hat H. Diels, dem Jaeger in seiner Ausgabe folgt, *μυσὶ* in *ἑμύσι* (Süßwasserschildkröten) geändert, offenbar aus der Annahme heraus, daß die Süßwasserschildkröten auf dem trockenen Land als einem ihnen unangemessenen Milieu Mühe haben, sich zu bewegen. Farquharson hat für seine Übersetzung *μυσὶ* beibehalten, statt dessen *γῇ* in *ζειᾷ* geändert (s. hierzu die Angaben bei Nussbaum, The text, 140f.) und so einen Untergrund erhalten, der selbst bei dem leichten Gewicht der Mäuse nachgeben würde. Beide Korrekturen sind erwägenswert; faßt man *γῇ* an dieser Stelle trotz der Bedenken von Nussbaum, The text, 140, und De Motu Animalium, 287, jedoch als „Acker", d. h. als lockeres Erdreich, im Unterschied zu festgestampften Wegen (so auch Louis und Torraca in seiner Anm. zur Stelle und wohl auch Preus, wenn er „mice walk in the earth" übersetzt; Forster übersetzt *γῇ* hier mit „loose soil", hält den Text aber trotzdem für unbefriedigend), so dürfte der Text auch in seiner überlieferten Form einen annehmbaren Sinn ergeben. Zumindest ist die Korrektur von Nussbaum, die *ἑμύσι* in den Text nimmt und *τῇ γῇ* in *πηλῷ* ändert, kaum einleuchtender, da nicht recht einzusehen ist, daß sich die Wasserschildkröten auf einem schlammigen Untergrund, der doch zum Lebensbereich dieser Tiere gehört, nicht vorwärts bewegen können.

10,35 (b 24f.) „wohl auch Tityos nicht". Das heißt, nicht einmal die Kraft eines Riesen wie Tityos würde dazu ausreichen, das Schiff zu bewegen, wenn er sich auf demselben befände.

10,35–38 (b 25–27) „noch Boreas – herausströmen läßt". Die bildliche Darstellung des Windgottes Boreas, auf die Ar. hier Bezug nimmt, könnte die des Malers Zeuxis (5./4. Jh. v. u. Z.) sein, der offenbar die aufgeblähten Backen als ein den Windgott charakterisierendes Detail verwendet hat, wie aus der Anspielung speziell auch auf die Aufgeblasenheit des Philosophen Thrasykles (*βρενθυόμενός τι πρὸς αὐτόν*) bei Lukian (Tim. 54) hervorgeht, der für die von ihm gegebene Schilderung des Äußeren dieses Mannes die Boreasdarstellung des Zeuxis zum Vergleich heranzieht (s. Wernicke, „Boreas", 727). Eine Darstellung des Boreas, der mit aufgeblähten Backen bläst, hat sich auf der Kabirenvase aus Theben, die im Ashmolean Museum aufbewahrt wird, erhalten (s. Gardener, pl. 26, 262; die Vase gehört nach der Datierung von Gardener, 8, spätestens dem 4. Jh. v. u. Z. an).

11,9 (699 a 9) „von außen". Das heißt, vom Ufer aus, so daß der Erdboden als Stütze dient (vgl. a 10f.).

Kapitel 3

Für das Problem, wie das, was den Himmel bewegt, beschaffen sein muß und wo es anzusiedeln ist, hat es auch von anderer Seite Erklärungsversuche gegeben, mit denen Ar. sich in diesem Kapitel kritisch auseinandersetzt. Gegen die Annahme, der Himmel werde von zwei außerhalb der Himmelssphäre befindlichen Polen bewegt, führt er an, daß erstens die als Punkte angenommenen Pole keine Substanz haben und deshalb nicht über die erforderliche Kraft verfügen und daß zweitens die eine, kontinuierliche Bewegung des Himmels nicht von zwei Kräften ausgeführt werden kann. Ebenso fordert auch die Theorie, daß Atlas den Himmel bewegt, indem er sich mit den Füßen gegen die Erde stemmt, die Kritik des Ar. heraus. Die beiden wesentlichsten Argumente, die er gegen sie vorbringt, sind folgende: Zum einen muß die Erde, wenn sie Atlas als Stütze dienen soll, nicht nur unbewegt sein, sondern dürfe auch kein Teil des zu bewegenden Systems, des Alls, sein, und zum anderen wäre es erforderlich, daß das Beharrungsvermögen der Erde mindestens ebenso groß ist wie die Kraft, die Atlas aufwenden muß, um sowohl seine eigene Trägheit als auch die Kraft des Himmels zu überwinden, anderenfalls könnte die Erde dem von Atlas auf sie ausgeübten Druck nicht standhalten und würde aus dem Mittelpunkt des Alls herausgeschleudert.

11,11–22 (a 12–20) Die hier anklingende Frage, nämlich wie das, was am Anfang der Bewegungskette steht, beschaffen sein muß, hat Ar. Phys. VIII 5, 258 a 5–27 dahingehend entschieden, daß es gänzlich unbewegt sein muß (s. den Kommentar zur Stelle bei Wagner, 681 f.). Als solches kann es aber kein Teil des Himmels sein, d. h., es kann weder ein Teil des äußersten Himmels (*ἔσχατος οὐρανός*) sein, der mit der Fixsternsphäre identisch ist, noch ein Teil des Planetensystems, das mit der Fixsternsphäre ein zusammenhängendes Ganzes, den Himmel (*οὐρανός*) im umfassenderen Sinn dieses Wortes, bildet (zu den verschiedenen Bedeutungsinhalten des Wortes *οὐρανός* bei Ar. s. De caelo I 9, 278 b 9–18; vgl. Sambursky, 543 f.). Ar. gibt dafür in unserem Zusammenhang zwei Gründe an: 1. Wenn das, was den Himmel bewegt, ein Teil des Himmels und infolgedessen selbst bewegt ist, während es die Bewegung des Himmels verursacht, muß es etwas Unbewegtes außerhalb desselben berühren, das somit den eigentlichen Ausgangspunkt der Bewegung darstellt; denn ohne dieses Unbewegte ist die Bewegung des Himmels nicht möglich (a 14–17). 2. Die Bewegung der Himmelssphäre (*σφαῖρα* ist hier stellvertretend für *οὐρανός* in der obengenannten umfassenderen Bedeutung gebraucht, die sowohl die Fixsternsphäre als auch das Planetensystem mit einschließt) ist eine Kreisbewegung und mithin kontinuierlich und ewig, so daß zu keinem Zeitpunkt irgendein Teil des Himmels unbewegt sein kann, ohne daß der gesamte Himmel und mit ihm jede weitere Bewegung ruht und zugleich die Kontinuität seiner Bewegung unterbrochen würde (a 17–20). Das bedeutet aber, daß das Unbewegte, das den Himmel bewegt, von Anfang an unbewegt sein muß und als solches ebenfalls kein Teil des Himmels sein kann.

11,18–12,19 (a 20–b 11) Um die Richtigkeit seiner Theorie vom unbewegten Beweger als dem Bewegungsprinzip des Himmels zu erweisen, setzt Ar. sich hier mit früheren bzw. rivalisierenden Auffassungen auseinander, für deren Unhaltbarkeit er, aus seiner Sicht gesehen, gewichtige Gründe anführen kann. Zunächst widerlegt er die Theorie, daß das All von zwei Polen bewegt wird (a 20–24). Gegen wen sich diese Kritik richtet, läßt sich nicht mehr ausmachen. Die Versuche, Speusipp (s. Düring, Aristoteles, 338 f.; dens., „Aristoteles", 271; Cherniss, 558 f. u. 590 f.), die Pythagoreer (so Louis in der Anmerkung zur Stelle) oder den Astronomen Kalippos (s. Jaeger, Aristoteles, 380–382) als Verfechter dieser Theorie namhaft zu machen, überzeugen nicht, da in keinem Fall eindeutige Belege dafür beigebracht werden können. Wer sich hinter denjenigen verbirgt, die eine Version des Atlasmythos benutzt haben, in der Atlas als Beweger des Himmels dargestellt war, läßt sich ebenfalls nicht mehr mit Sicherheit sagen. Nach Cherniss, 558, und Düring, Aristoteles, ebd., ist Platon gemeint; doch hat Nussbaum, De Motu Animalium, 302–304, mit Recht darauf hingewiesen, daß die Argumentation, auf die sich diese Identifikation stützt, keineswegs zwingend ist, und ihrerseits den Sophisten Kritias und Euripides (für beide ist der Ausdruck *'Ατλάντ(ε)ιος πόλος* bezeugt) oder auch andere Dichter, die der Sophistik nahestanden, als mögliche Vertreter der Gruppe von Denkern, auf die Ar. hier Bezug nimmt, ins Spiel gebracht.

11,25 (a 23) „nichts Derartiges". Gemeint sind Punkte und andere mathematische Gegenstände, die substanzlos sind (s. z. B. Met. *B* 5, 1001 b 26–1002 b 11) und deswegen auch keine Kräfte, wie sie beispielsweise zum Auslösen einer Bewegung erforderlich sind, freisetzen können.

11,26 (a 23) „die eine Bewegung". Das heißt die Kreisbewegung der Himmelssphäre, die hier als ein einheitliches Bewegungssystem vorgestellt wird (s. a 17–20), das demzufolge auch nur als von einem Bewegungsprinzip gesteuert gedacht werden kann.

11,28 f. (a 25f.) „zu ... dem, was durch sie bewegt wird". Damit dürften die Körperteile gemeint sein.

11,39 (a 34) „Stärke und Kraft". Daß *ἰσχύς* und *δύναμις* hier nicht als Synonyme aufzufassen sind, geht aus Kap. 4, 699 b 15f. hervor, wo Ar. schreibt, daß die *δύναμις* (die bewegende Kraft) von der *ἰσχύς* (der physischen Stärke eines Körpers) ausgeht. Im Unterschied dazu sind *ἰσχύς* und *δύναμις* 699 b 5–10 wie z. B. auch Phys. VII 5, 250 a 4–9 synonym gebraucht.

12,10 f. (b 5) „in gleicher Weise im Hinblick auf die Stärke". Das heißt, die aktive und die passive Bewegung sind in bezug auf ihre Stärke einander gleich.

12,11–17 (b 6–10) Um den Himmel in Bewegung zu setzen, muß Atlas, wie Ar. hier ausführt, nicht nur die Trägheit des Himmels überwinden, sondern auch den Zustand der Ruhe, in dem er selbst sich befindet, so daß der Widerstand, den die ruhende Erde leisten muß, wenn sie Atlas als Stütze dienen soll, so groß sein müßte wie die Kraft des unbewegten Himmels und die des bewegenden Atlas zusammen genommen.

Kapitel 4

Ein gewichtiges Argument gegen die Atlastheorie ist das Problem, daß die Kraft, die imstande ist, den Himmel in Bewegung zu setzen, auch das Beharrungsvermögen der Erde überwinden könnte und auf diese Weise zur Zerstörung des Universums führen würde. Nach Ansicht des Ar. ist das Himmelsgefüge jedoch unzerstörbar, und deshalb muß es außerhalb des Alls einen unbewegten Beweger geben, der auf Grund seiner Unbeweglichkeit von keiner noch so großen Kraft von seinem Platz fortbewegt werden kann. Dies sei bereits von Homer richtig bemerkt worden, wenn er schreibt, daß Zeus selbst unter Aufwendung aller vorhandenen Kräfte nicht vom Himmel auf die Erde heruntergezogen werden kann.

Am Ende des Kapitels wird die Frage gestellt, ob die Bewegung der leblosen Dinge nach dem gleichen Bewegungsschema abläuft wie die der Lebewesen, deren Beantwortung jedoch wegen der Probleme, die sie aufwirft, auf einen späteren Zeitpunkt verschoben wird.

12,24 (b 15) „Mittelpunkt". *τὸ μέσον* bedeutet hier den Mittelpunkt des Alls.

12,26 (b 17) „nicht unbegrenzt". Mit dem Problem des Unendlichen hat Ar. sich Phys. III 5 beschäftigt, wo er zu dem Schluß gelangt, daß es in der Realität keine unendlichen Körper gibt.

12,27–32 (b 17–21) Zu dem Begriff „unmöglich" hat Ar. sich in ähnlicher Weise auch Met. Δ 12, 1019 b 21–27 und De caelo I 11, 281 a 1–7 geäußert. Er unterscheidet zwischen der physischen Unfähigkeit auf der einen Seite (so sind z. B. die Menschen unfähig, die Wesen auf dem Mond zu sehen, obwohl es sie – wie Ar. zu glauben scheint – gibt [vgl. De gen. anim. III 11, 761 b 21; der Glaube an die Existenz von Lebewesen auf dem Mond ist auch für die Pythagoreer belegt, s. 44 A 20: I, S. 404,10–12 Diels–Kranz] und sie folglich auch gesehen werden können) und der sich auf Grund bestehender Gesetzmäßigkeiten ergebenden Unmöglichkeit auf der anderen Seite, die z. B. auf die Behauptung zutrifft, daß es unmöglich ist, einen Sprachlaut zu sehen, denn der Sprachlaut ist nicht nur unter bestimmten Bedingungen, sondern prinzipiell unsichtbar (vgl. Phys. III 4, 204 a 4).

12,32–13,1 (b 21–29) Obwohl Ar. De caelo I 10–12, 279 b 4–283 b 22 bereits zu dem eindeutigen Ergebnis gelangt war, daß der Himmel mit Notwendigkeit unzerstörbar ist, stellt er, der Logik seiner Beweisführung folgend, diese These hier unter dem Gesichtspunkt, daß der Himmel möglicherweise nicht mit Notwendigkeit unzerstörbar sei, noch einmal zur Debatte. Doch kehrt er, ohne das Problem ausdiskutiert zu haben, letztlich wieder zu seinem früheren Standpunkt zurück und vertröstet den Leser auf eine andere Untersuchung (b 31).

12,38 f. (b 25) „das Feuer – Körper". Als „Feuer" bezeichnet Ar. die Schicht, die entsprechend dem von ihm angenommenen stufenförmigen Aufbau des Alls (Erde, Wasser, Luft, Feuer und Äther) die Luft umgibt (De caelo II 4, 287 a 32–34), der „obere Körper" ist der Äther (ebd. I 3, 270 b 22).

13,12–14 (b 37–700 a 2) „Aber ihr – alle". Homer, Ilias VIII 20–22. Ar. zitiert Vers 20 nach Vers 22. In Vers 22 liest er *πάντων* anstelle des in den Homerhandschriften gebotenen *μήστωρ'* bzw. *Κρονίδην*. Zeus wird hier von Ar. als unbewegtes Prinzip verstanden, das auf Grund seiner Unbeweglichkeit von keiner noch so großen Kraft von seinem Platz fortbewegt werden kann.

13,17 f. (700 a 5 f.) „wenn es – befestigt ist". Düring, Aristoteles, 340 Anm. 312, hat darauf hingewiesen, daß Ar. mit den Worten *ἐξ ἀκινήτου ἤρτηται ἀρχῆς* eine Formulierung aus Met. Λ 7, 1072 b 13 f. aufgreift, so daß anzunehmen ist, daß er mit *πάλαι* („früher", a 4) auf seine in diesem Buch der Metaphysik dargestellte Lehre vom unbewegten Beweger verweisen will.

13,19f. (a 6f.) „das auf diese Weise Unbewegte". Das heißt, etwas Unbewegtes außerhalb der Lebewesen, das keinen Teil von ihnen darstellt (s. oben 699 b 32f.).

13,26–37 (a 11–17) Bevor Ar. zu seinem neuen, dem eigentlichen Thema dieser Abhandlung übergeht, nämlich dem Problem, wie die Seele den Körper bewegt, das von Kap. 6 bis zum Ende der Schrift Gegenstand der Darstellung ist, stellt er zunächst noch die Frage, in welcher Weise die von ihm zuvor entwickelte Lehre von der Bewegung auch auf die leblosen Dinge anwendbar ist. Wie schon Phys. VIII 4, 255 b 29–256 a 3, so scheint er auch hier der Ansicht zuzuneigen, daß die leblosen Körper sich nicht selbst bewegen, sondern den Ursprung ihrer Bewegung in dem haben, was sich selbst bewegt, die Lebewesen und der Himmel.

13,38f. (a 18) „ist über – worden". Die Bewegung der Lebewesen hatte Ar. in De inc. anim. ausführlich behandelt; s. auch De mot. anim., Kap. 1 und 2, die speziell dem Problem des Unbewegten innerhalb und außerhalb des Lebewesens als der unerläßlichen Voraussetzung für die animalische Bewegung gewidmet sind.

13,41–14,2 (a 20f.) Man wird Düring recht geben, daß die Schwierigkeit, von der Ar. spricht, in dem hier gegebenen Zusammenhang mit der Bewegung der Lebewesen nicht auf das Phänomen des unbewegten Bewegers als eines solchen geht, sondern vielmehr darin bestehen muß, „wie sich seine Wirkung bis zum Lebewesen fortpflanzt" (Gnomon 31, 418; vgl. auch Louis, Anmerkung zur Stelle, und Nussbaum, De Motu Animalium, 324). Mit diesem Problem hat Ar. sich Phys. VIII 6, 259 a 32–b 31 ausführlicher beschäftigt.

14,6f. (a 24f.) „die ausspeien – ausatmen". Spucken sowie Ein- und Ausatmen sind auch Phys. VII 2, 243 b 12–14 als Beispiele für Ziehen und Stoßen genannt, die beiden Bewegungstypen, auf die sich alle anderen Ortsbewegungen reduzieren lassen.

Kapitel 5

Die hier gestellte Frage, ob die anderen Bewegungsarten wie Entstehen, Veränderung und Wachstum ebenso wie die Ortsbewegung etwas Unbewegtes in dem jeweiligen Lebewesen voraussetzen, wird eher indirekt mit der Feststellung beantwortet, daß der Ortsbewegung gegenüber den anderen Bewegungen die Priorität zukommt und daß somit die für die Ortsbewegung gültigen Voraussetzungen auch für die anderen Bewegungen ihre Gültigkeit haben.

14,8–10 (a 26–28) Mit der Frage, ob im Lebewesen für Wachstum und Veränderung dieselben Bedingungen erforderlich sind wie für die Ortsbewegung, knüpft Ar. an die Phys. VIII 7, 260 a 26–28 von ihm vorgenommene Unterteilung der Bewegung in Veränderung der Größe (=Wachstum), qualitative Veränderung (darunter fallen auch Entstehen und Vergehen) und Veränderung des Ortes an. In diesem Einteilungsschema nimmt die Ortsveränderung die erste Stelle ein: Sie ist 1. Voraussetzung für die anderen Bewegungen, 2. zeitlich früher als jene (die Ortsbewegung des Erzeugers ist früher als das Entstehen des von ihm gezeugten Lebewesens) und 3. ihrem Wesen nach in stärkerem Maße Bewegung als die anderen Bewegungsarten und wird deshalb von Ar. als „erste Bewegung" bezeichnet (s. ebd., 260 a 28–261 a 26).

14,10–12 (a 28f.) „Aber mit dem – andere Abhandlung". Diese Art des Entstehens und Vergehens hat Ar. in seiner Schrift De gen. et corr. behandelt.

14,12 (a 29) „erste Bewegung". Sie ist hier und a 32 im Sinne von Phys. VIII 7 (s. oben S. 44 f. den Komm. zu S. 14,8–10) als Urtyp der Bewegung zu verstehen, den Ar. in der Ortsbewegung gegeben sieht und der nach seinen Vorstellungen die Voraussetzung für die übrigen Bewegungen (Wachstum, Veränderung sowie Entstehen und Vergehen) bildet, obwohl er am jeweiligen Einzelwesen als letzter Bewegungstyp auftritt, d. h. erst nach dessen Ausformung.

14,14–16 (a 31f.) „Wie aber beim All – hat". Dieser Satz ist offenbar etwas kurzschlüssig formuliert; denn der Vergleich zwischen dem All und dem Lebewesen kann sich nicht, wie man zunächst meinen möchte, auf das Entstehen beziehen, da es nach Ansicht des Ar. für das All kein Entstehen und Vergehen gibt. Ein sinnvoller Anschluß zu den folgenden Ausführungen ergibt sich aber, wenn man den Satz folgendermaßen interpretiert: Wie die Bewegung des Alls, die reinste Form der Ortsbewegung, Ursache für alle anderen Eigenbewegungen ist, so ist auch beim Lebewesen die Ortsbewegung Ursache für seine Eigenbewegungen. Daraus ergibt sich für Ar. die Frage, wodurch die Bewegungen beim Keimling (Wachstum und Veränderung) bedingt sind. Sein Gedankengang läßt sich in der Weise nachvollziehen, daß das Entstehen des jeweiligen Einzelwesens die Existenz eines Erzeugers zur Voraussetzung hat, der über Ortsbewegung verfügt und diese im Augenblick der Zeugung praktiziert (so dürfte die betreffende Passage Phys. VIII 7, 261 a 1f. zu verstehen sein; vgl. dazu Wagner, 689f., Komm. zu 248,7) und mit ihrer Hilfe die Entwicklung des Keims und der mit ihr verbundenen Fähigkeit zur Eigenbewegung bei dem sich ausformenden Lebewesen in Gang setzt. Auf die Analogie zwischen dem Bewegungsverlauf bei den Lebewesen und dem im All hat Ar. auch Phys. VIII 2, 252 b 24–27 hingewiesen.

14,19f. (a 34f.) „durch etwas anderes und mit Hilfe anderer Komponenten". Nach Ar. werden die ersten Wachstums- und Veränderungsprozesse im Keim durch den zeugenden Elternteil ausgelöst, der im Samen das Bewegungsprinzip auf das im Uterus befindliche Substrat überträgt (s. De gen. anim. IV 1, 766 b 12–14).

14,20–24 (a 35–b 3) Die Feststellung des Ar., daß das, was bewegt bzw. zeugt, früher sein muß als das, was bewegt bzw. gezeugt wird (vgl. De gen. anim. II 1, 735 a 13 „denn nichts zeugt sich selbst"), steht auf einer Linie mit dem Satz „Der Mensch zeugt einen Menschen" (z. B. Met. *Z* 7, 1032 a 25; *Λ* 3, 1070 a 8), der nicht nur besagt, daß ein Individuum immer ein gleiches seiner Art zeugt, sondern gleichzeitig auch beinhaltet, daß die Zeugung eines Individuums die Existenz eines anderen voll entwickelten Individuums voraussetzt (vgl. dazu Düring, Aristoteles, 530f. u. 533).

Kapitel 6

Mit diesem Kapitel wendet Ar. sich der Frage nach dem Ursprung der Bewegung im Körper des Lebewesens zu: Alle Bewegungen haben ein Ziel, das zugleich ihre Grenze ist. Das, was sie auslöst, sind die Aktivitäten der Seele, wie Überlegungen, Vorstellungen, Wünsche oder Begierden, bzw. die Gegenstände, die ihnen zugrunde liegen. Für das Denken trifft dies aber nur zu, soweit es sein Ziel im Bereich des Handelns hat. Die animalische Bewegung ist also insofern mit der des Universums vergleichbar, als beide ihren Ursprung in dem Streben nach etwas haben, sie unterscheidet sich jedoch von jener dadurch, daß sie eine Grenze hat, während die Bewegung des Alls, die das ewig Schöne zum Ziel hat, ewig ist. Aus dem damit vorgegebenen Bewegungsmechanismus, der sich aus drei Komponenten zusammensetzt, dem, was bewegt, ohne selbst bewegt zu sein (dem Gegenstand des Strebens), dem, was bewegt, während es selbst bewegt ist (dem Streben), und dem, was sich bewegt, ohne etwas anderes zu bewegen, d. h. das, was das Ziel des Strebens in die Tat umsetzt, ergibt sich zwangsläufig, daß die Ortsbewegung hinsichtlich der Reihenfolge, in der die verschiedenen Bewegungen im Lebewesen stattfinden, die letzte ist.

14,26–28 (b 5f.) „darüber ist früher – befassen". Der Verweis bezieht sich auf die Schrift De an., in der die Ausführungen des Ar. über die Seele untrennbar mit dem Problem der Bewegungsfähigkeit der Seele verknüpft sind.

14,30 (b 8f.) „in den Büchern über die erste Philosophie". Met. *Λ*. Siehe auch oben S. 37 den Komm. zu S. 9,9–13.

14,41–15,2 (b 17–19) „Wir sehen aber – zurückführen". Zu derselben Feststellung kommt Ar. auch De an. III 10, 433 a 9–13, und hier (433 a 18) wie dort (700 b 25) schränkt er diese Feststellung bezüglich der Vernunft auf die praktische Vernunft ein.

15,5 (b 21) „an anderer Stelle". Dieser Verweis bezieht sich auf De an. III 3, wo Ar. unter anderem dargelegt hat, worin sich Vorstellung und Wahrnehmung voneinander unterscheiden.

15,6 (b 22) „Wunsch – Streben". So auch De an. II 3, 414 b 2.

15,8–24 (b 23–35) Wiederum wird der Bewegungsablauf beim Lebewesen mit dem im All in Parallele gesetzt: Am Anfang der Bewegungskette steht das, was Gegenstand des Strebens und der Überlegung ist (a 23f.), dem Ar. Met. *Λ* 7, 1072 a 26f. und De an. III 10, 433 b 15f. (vgl. auch 700 b 35) die Eigenschaft des Unbeweglichen zuschreibt, womit die Parallele zum unbewegten Beweger des Alls unverkennbar gegeben ist. Die bewegende Funktion des Alls üben beim Menschen das Streben und die Überlegung aus, die bewegen, indem sie ebenso wie das Universum von einem unbewegten Beweger (dem Gegenstand des Strebens und der Überlegung) bewegt werden (b 35f.). Den Abschluß dieses Bewegungsablaufs bildet schließlich das, was bewegt wird, aber seinerseits nicht unbedingt etwas in Bewegung setzen muß, d. h. die Ortsveränderung (701 a 1). Gleichzeitig weist Ar. jedoch darauf hin, daß es zwischen diesen beiden Bewegungsabläufen einen grundlegenden Unterschied gibt, der aus dem von ihm postulierten göttlichen Charakter der Himmelssphäre resultiert und die animalische Bewegung in ihre Schranken verweist; denn nur die Bewegung des Universums ist ewig, da sie allein auf „das ewig Schöne und das wahrhaft und primär Gute" (b 33) gerichtet ist, das für seine Aktivität keiner äußeren Faktoren bedarf, die Bewegung der Lebewesen dagegen ist begrenzt, sie wird von Gütern ausgelöst, die im Bereich des Handelns liegen und deshalb nur zeitlich begrenzte Bewegungen auszulösen vermögen (b 25–29; vgl. auch De an. III 10, 433 a 29f.; EN VI 5, 1140 b 2f.).

15,12 (b 26) „jedes Gute". *τὸ καλόν* ist hier synonym mit *τὸ ἀγαθόν* gebraucht, wie die gleichlautende Formulierung De an. III 10, 433 a 28f. beweist.

15,16f. (b 29) „das Angenehme – Gut". Nach der Unterscheidung, die Ar. EE III 1, 1228 b 18–20 zwischen dem subjektiv Angenehmen, das zu den scheinbaren Gütern gehört (s. auch EE VII 2, 1235 b 26f.), und dem schlechthin Angenehmen, das zu den Gütern schlechthin gehört (ebd., b 32f.), trifft, muß es sich bei dem Angenehmen an unserer Stelle, von dem er sagt, daß es ein scheinbares Gut ist, um das subjektiv Angenehme handeln.

15,20 (b 32) „jene Dinge" (*τὰ μέν*). Damit sind die Himmelskörper gemeint; Ar. greift damit „das, was . . . immer bewegt wird" (*τὸ ἀεὶ κινούμενον*) aus dem Anfang des Satzes (b 30f.) wieder auf. Die Änderung des einhellig überlieferten *τὰ* in *τὸ* (so Farquharson und, ihm folgend, Nussbaum) scheint mir für das Verständnis des Textes nicht unbedingt erforderlich zu sein.

15,21–24 (b 32–35) „Aber das ewig Schöne – stehen könnte". In den Formulierungen und Gedanken lehnt sich dieser Satz eindeutig an Platons Charakterisierung des Schönen im Symposion (210 E–211 A) an (vgl. Düring, Aristoteles, 341). Mit Recht weist jedoch Nussbaum, De Motu Animalium, 339, auf den grundsätzlichen Unterschied in den Vorstellungen Platons und denen des Ar. hin, der darin besteht, daß es sich bei jenem um die Idee des Schönen handelt, dieser aber das ewig und unwandelbar Schöne und Gute als Wesensmerkmale des unbewegten Bewegers auffaßt. Deshalb kann diese Stelle nicht als ein Indiz für die Hinwendung des späten Ar. zur Platonischen Philosophie gewertet werden, wie dies bei Düring anklingt.

15,25–28 (b 35–701 a 2) In gleicher Weise hat Ar. den Bewegungsablauf auch De an. III 12, 434 b 32f. beschrieben.

15,25 (b 35) „Das erste Glied (der Bewegungskette)". Da von diesem Satz an nur noch von der animalischen Bewegung die Rede ist, muß *τὸ πρῶτον* ebenfalls in diesen Bereich gehören und darunter das zu verstehen sein, was die Bewegung beim Lebewesen primär auslöst, und das sind, wie Ar. oben (b 23f.) bereits gesagt hat, die Gegenstände des Strebens und der Überlegung, auf die es zutrifft, daß sie bewegen, ohne selbst bewegt zu sein (s. oben S. 46f. den Komm. zu S. 15,8–24), während im Unterschied zu ihnen das Streben und die Überlegung weitere Bewegungen verursachen, indem sie selbst von den jeweiligen Gegenständen, auf die sie gerichtet sind, bewegt werden.

15,29f. (701 a 3f.) „die letzte – entstehen". Der überlieferte Text *τελευταία τῶν γινομένων* (*κινουμένων P*) *ἐν τοῖς γινομένοις* ergibt nur dann einen brauchbaren Sinn, wenn man in Kauf nimmt, daß *γίνεσθαι* unmittelbar nebeneinander in zwei verschiedenen Bedeutungen gebraucht ist. Das hat mit

Recht Anstoß erregt und Jaeger und Nussbaum zu Textänderungen veranlaßt. Die Korrektur von Nussbaum, die ἐν τοῖς γινομένοις im Text beläßt und τῶν γινομένων in τῶν κινήσεων ändert, liegt paläographisch vielleicht nicht so nahe wie die von Jaeger, der τῶν γινομένων beibehält und ἐν τοῖς κινουμένοις statt ἐν τοῖς γινομένοις liest, sie verdient aber aus sachlichen Gründen den Vorzug. Denn die Tatsache, daß die Ortsveränderung als letzte von mehreren Bewegungen stattfindet, wie Ar. schreibt, ist allein bei den Dingen gegeben, die dem Entstehen unterworfen sind (ἐν τοῖς γινομένοις), d. h. bei den Lebewesen; ἐν τοῖς κινουμένοις (bei den Dingen, die sich selbst bewegen) würde dagegen auch die Himmelskörper einschließen, bei denen die Ortsbewegung die einzige Form der Bewegung ist und somit nicht gut als letzte von mehreren Bewegungen bezeichnet werden kann.

Kapitel 7

Dieses Kapitel ist dem Bewegungsmechanismus im Körper gewidmet, der ausgelöst wird, wenn ein Wunsch bzw. eine Überlegung realisiert wird. Es sind zwei Aspekte, die Ar. hier vor allem interessieren: erstens der Umstand, daß die Handlung unmittelbar nach der Überlegung bzw. der Entscheidung stattfindet, den er am Beispiel des praktischen Syllogismus zu verdeutlichen sucht, und zweitens die Tatsache, daß ein noch so kleiner Impuls, wenn er im Ausgangspunkt der Bewegung ausgelöst wird, große Veränderungen im Körper hervorruft, eine Wirkungsweise, zu deren Veranschaulichung Ar. das Beispiel mechanischer Spielzeuge und das des Steuerruders heranzieht.

15,34–36 (a 7f.) Die hier gestellte Frage trifft nicht ganz das Anliegen, um das es Ar. eigentlich geht. Denn wie die folgenden Ausführungen zeigen (a 8–33), gilt sein Interesse nicht so sehr dem Problem, warum eine Überlegung einmal in die Tat umgesetzt wird und ein anderes Mal nicht (dazu s. unten S. 64f. den Komm. zu S. 22,36–42), sondern vielmehr dem Nachweis, daß Handlung und Bewegung unmittelbar aus dem Streben und der Überlegung hervorgehen.

Die Methode, deren sich Ar. zur Erklärung dieses Phänomens bedient, ist der von ihm entwickelte sogenannte praktische Syllogismus. Das Wesentliche an diesem Schlußverfahren, wie es in De mot. anim. gehandhabt wird, besteht darin, daß bei ihm entsprechend der Unterteilung der an der animalischen Bewegung beteiligten Aktivitäten in die übergeordneten Begriffe Streben und Vernunft (Kap. 6, 700 b 18f.) die Propositio maior das Gute (den Gegenstand des Strebens) und die Propositio minor das Mögliche (das zu entscheiden die Aufgabe der Vernunft ist) zum Inhalt haben (701 a 23–25) und daß die Handlung an die Stelle der Schlußfolgerung im theoretischen Syllogismus tritt, so daß es von Ar. als Erklärungsmodell für das zeitliche Zusammentreffen von Streben, Überlegung und Handlung mit Erfolg genutzt werden konnte (s. Nussbaum, De Motu Animalium, 184–201, bes. 189f.; zu der hier angegebenen Literatur vgl. auch Even-Granboulan, bes. 65f. u. 69; Kullmann, 30f.; Kenny, 120 u. 142f.).

15,37 (a 9) „die Dinge, die keine Bewegung haben". Die ἀκίνητα sind Gegenstände der reinen Wissenschaften, der Mathematik und der πρώτη φιλοσοφία (s. Met. *E* 1, 1026 a 7–31; Phys. II 7, 198 a 17).

16,4 (a 15) „verharrt – Ruhe". Wie die folgende Bemerkung „in diesen beiden Fällen handelt man" deutlich zu erkennen gibt, ist das Verharren im Zustand der Ruhe nach Auffassung des Ar. ebenso wie das Gehen eine Handlung. Es wäre also falsch, in diesem Satz eine Bezugnahme auf die zu Beginn des Kapitels gestellte Frage zu sehen, warum man, wenn man denkt, bisweilen handelt und bisweilen nicht.

16,5 f. (a 16) „wenn nicht – zwingt". Offenbar denkt Ar. daran, daß es äußere Umstände geben kann, die entweder trotz einer positiven Entscheidung, z. B. zu gehen, die Ausführung des Entschlusses verhindern oder umgekehrt den Menschen z. B. zum Gehen zwingen, auch wenn seine Entscheidung negativ ausgefallen ist.

16,16 (a 23) „die Prämissen, die zu einer Handlung führen" (αἱ προτάσεις αἱ ποιητικαί). ποιητικός ist auch EN VII 5, 1147 a 28 und EE II 11, 1227 b 29 an Stelle von πρακτικός gebraucht.

16,17 f. (a 24 f.) „sowohl durch das Gute als auch durch das Mögliche". Siehe oben S. 48 den Komm. zu S. 15,34–36.

16,19–21 (a 25 f.) „Wie aber einige – betrachtet sie". Ar. spielt auf das dialektische Schlußverfahren an (s. Anal. Pr. I 1, 24 a 24 f.), bei dem ebensowenig wie beim Handeln immer eine streng logische Gedankenführung erforderlich ist (vgl. Kullmann, 30 u. 131).

16,35 (b 1) „schaffen bzw. handeln". Im Unterschied zu „handeln" (πράττειν), dessen Ziel die Handlung selbst ist, bedeutet „schaffen" (ποιεῖν) „(etwas) hervorbringen". Zu dieser Unterscheidung s. auch EN VI 4. 5, 1140 a 1–6; b 6 f.

16,38–17,3 (b 1–7) b 3 folgt die Übersetzung dem Text von Forster, dessen Korrektur (κρουουσῶν ἀλλήλας statt des überlieferten κρουόντων ἀλλήλας τὰς στρέβλας) paläographisch leichter zu begründen ist als die von Nussbaum (κρουόντων ἄλληλα τῶν ξύλων) und überdies u. E. sachlich das Richtige trifft; s. Kollesch, 143 f. In dieser Miszelle konnten durch den Hinweis auf eine Galenstelle (In Hipp. De artic. comm. II: XVIII A 462,1–3 Kühn) auch die mit der Erwähnung der κύλινδροι (b 6) verbundenen interpretatorischen Schwierigkeiten beseitigt werden. Wie bei den Wagen handelt es sich auch bei den „Zylindern" um ein Kinderspielzeug, und zwar um eine Art von Murmeln von kegelstumpfförmiger Gestalt, die sich auf Grund dessen, daß sie sich nach einem Ende hin verjüngen, ebenso wie die Wagen mit ungleichen Rädern immer im Kreis bewegen, auch wenn der Bewegungsanstoß in gerader Richtung erfolgt.

Der Vergleich des Bewegungsmechanismus im animalischen Bereich mit dem der zu Unterhaltungszwecken konstruierten Automaten (diese Deutung der αὐτόματα scheint mir im Hinblick auf den selbsttätigen Bewegungsablauf doch wohl die richtige zu sein; vgl. dagegen Nussbaum, The text, 147–150, die diese Deutung zwar für möglich hält, sich aber doch für Marionetten entscheidet) und dem Kinderspielzeug muß unter einem doppelten Aspekt gesehen werden. Am Beispiel der Automaten will Ar. deutlich machen, daß eine kleine Veränderung am Ausgangspunkt der Bewegung, wie sie das Lösen der Schnüre darstellt, das die mit Hilfe von Rädern und Rollen ablaufende Bewegung der gesamten Apparatur zur Folge hat, gleichsam eine Kettenreaktion auslöst und auf diese Weise auch über eine größere Distanz hin eine Vielzahl von Veränderungen beträchtlichen Ausmaßes hervorrufen kann (s. b 24–32; vgl. auch De gen. anim. I 2, 716 b 3–5; II 1, 734 b 9f.; II 5, 741 b 8f., wo bei dem Vergleich mit den Automaten die Kettenreaktion allerdings keine Rolle spielt). Bei dem Vergleich mit dem Kinderspielzeug, an dem demonstriert wird, daß trotz eines in gerader Richtung geführten Bewegungsimpulses die nachfolgende Bewegung kreisförmig verläuft, dürfte es dagegen darum gehen, daß die Bewegung der Lebewesen in ähnlicher Weise wie die der Spielzeugwagen und die der kegelstumpfförmigen Zylinder nicht von außen, sondern von einem Zentrum aus – bei den Lebewesen ist dies das Herz – gesteuert und bestimmt wird.

17,4 (b 8) „die einen". Das heißt die Knochen, die Ar. auf Grund ihrer harten Konsistenz mit den Holz- und Eisenteilen der Automaten vergleicht.

17,6 (b 9f.) „wenn diese gelöst und gelockert werden". Düring, Gnomon 31, 417, möchte das überlieferte *λυομένων* in *συστελλομένων* ändern (so schon in der Übersetzung von Farquharson). Da sich *ὧν λυομένων καὶ ἀνιεμένων* jedoch auf *αἱ στρέβλαι* beziehen muß und infolgedessen auch die Automaten und nicht die Lebewesen Subjekt zu *κινοῦνται* sind, ist diese Änderung nicht erforderlich. Die Ausführungen des Ar. zu Beginn dieses Abschnitts haben deutlich werden lassen, daß er für die Bewegung der Automaten allein das Lösen der Schnüre für ausschlaggebend hält.

17,12 (b 14) „an Größe zunehmen" (*αὐξανομένων*). Die Körperteile erfahren keinen Zuwachs an Substanz, sondern dehnen sich unter der Einwirkung von Wärme lediglich aus. Vgl. dazu Phys. IV 7, 214 b 2, wo es ausdrücklich heißt, daß Volumenzuwachs (*αὐξάνεσθαι*) auch durch Eigenschaftsänderung eines Körpers erfolgen kann.

17,15 (b 17) „von Anfang an" (*εὐθύς*). Diese nähere Bestimmung fehlt an den anderen Stellen, an denen Ar. die Sinneswahrnehmung ebenfalls als eine Art Veränderung definiert (s. z. B. Met. *Γ* 5, 1009 b 13; De an. II 4. 5, 415 b 24; 416 b 33f.; De insomn. 2, 459 b 4f.). Sie erschien ihm in diesem Zusammenhang offenbar deswegen erforderlich, weil es ihm darauf ankam, den Unterschied zwischen Denken und Vorstellung auf der einen Seite und Wahrnehmung auf der anderen Seite stärker deutlich zu machen. Während Denken und Vorstellung selbst ein aktives Geschehen sind, da sie stattfinden, ohne daß die betreffenden Vermögen etwas erleiden, und erst in ihrem Gefolge bestimmte Veränderungen im Körper auftreten, ist die Wahrnehmung insofern ein rein passiver Vorgang, d. h. „von Anfang an" eine Art Veränderung, als es für ihr Zustandekommen notwendig ist, daß die Wahrnehmungsobjekte in den Sinnesorganen durch die ihnen entsprechenden Medien bestimmte Reaktionen (Veränderungen) hervorrufen (vgl. dazu Tracy, 202f.).

17,18 (b 20) „des Warmen, Kalten" . Nussbaum hat *θερμοῦ ἢ ψυχροῦ ἢ* als Glosse eines Schreibers, der darauf hinweisen wollte, daß das Angenehme mit

Wärme und das Schreckliche mit Kälte einhergeht, aus dem Text ausgeklammert und damit den Widerspruch zu den Ausführungen Kap. 8, 701 b 34–702 a 5, wo Wärme und Kälte in der Tat nur als Folgeerscheinungen des Angenehmen und Unerfreulichen bzw. der entsprechenden Affektionen genannt sind, beseitigt. Uns erscheint diese Glättung des Textes jedoch nicht unbedingt erforderlich: Erstens wäre der Hinweis darauf, daß man beim bloßen Gedanken an etwas Kaltes erschaudert (b 22), ein durchaus zutreffendes Beispiel dafür, daß die nur gedachte Form dieselbe Wirkung haben kann wie die realen Dinge (vgl. Preus, 89, Anm. zu 701 b 19), und zweitens werden auch b 28f. Wärme und Kälte mit anderen Affektionen auf eine Stufe gestellt und nicht als Begleitumstände eben dieser Affektionen bezeichnet.

17,20f. (22f.) „Alle diese Vorgänge". Das heißt die physiologischen Prozesse im Körper, die ebenso bei der Wahrnehmung wie auch im Gefolge von Denken und Vorstellung stattfinden.

17,23–25 (b 24–26) Der gleiche Gedanke findet sich z. B. auch De gen. anim. I 2, 716 b 3–5; IV 1, 766 a 28–30; V 7, 788 a 11–14. Nach Auffassung des Ar. gibt es im Lebewesen mehrere Zentren dieser Art, deren charakteristisches Merkmal er darin sieht, daß sie Ursache für viele andere Erscheinungen sind, ohne selbst etwas Übergeordnetem unterstellt zu sein (De gen. anim. V 7, 788 a 14–16). Außer dem Herzen, das hier speziell genannt wird (b 29), gehören z. B. auch die Geschlechtsorgane dazu (vgl. De gen. anim. I 2, 716 b 9f.; V 7, 788 a 3–9), für die ebenfalls gilt, daß eine, wie Ar. meint, kleine Veränderung in ihrem Bereich (es geht dabei um die Kastrierung männlicher Individuen) weitreichende Wirkungen hat.

17,28 (b 28) „Wärme oder Kälte". Wenn Ar. diese beiden Begriffe hier mit sonstigen Affektionen (z. B. Freude oder Furcht) auf eine Stufe stellt, so geht er offensichtlich davon aus, daß Kälte- und Wärmeempfindungen auch unmittelbar von außen unter dem Einfluß von Wärme und Kälte, d. h. unabhängig von Lust- oder Unlustgefühl, im Körper ausgelöst werden können. Das schließt freilich nicht aus, daß er mit ihnen gleichzeitig auf die mit Wärme und Kälte verbundenen physiologischen Prozesse Bezug nimmt, die dem Bewegungsablauf im Körper zugrunde liegen und in den folgenden Ausführungen des Ar. zum Teil mechanisch, zum Teil thermodynamisch gedeutet werden (s. dazu Tracy, 354–359; vgl. auch Verbeke, 197).

Der Ablauf dieser physiologischen Prozesse gestaltet sich, etwas vereinfacht dargestellt, nach den Vorstellungen des Ar. folgendermaßen: Lust- oder Unlustempfindungen, die durch Überlegungen, Vorstellungen oder Sinneswahrnehmungen hervorgerufen werden, bewirken im Herzen eine stärkere Erwärmung bzw. eine Abkühlung der dort lokalisierten Lebenswärme. Im Falle der Erwärmung, die eine Folge von Lustempfindungen ist, dehnt sich das Herz mit aus, während es sich infolge der durch Unlustempfindungen verursachten Abkühlung zusammenzieht. Über die vom Herzen ausgehenden Gefäße und Sehnen werden die Temperaturveränderungen und die mit ihnen verbundenen Bewegungen der Ausdehnung und der Kontraktion vom angeborenen Pneuma auf Grund seiner Ausdehnungs- und Kontraktionsfähigkeit (Kap. 10, 703 a 19–22) an alle Körperteile weitergeleitet (vgl. Kap. 9, 702 b

22–24). Diese, d. h. vor allem die Extremitäten, werden dadurch im Hinblick auf die Bewegungsvorgänge entsprechend ausgerüstet, und zwar in der Weise, daß sie bei der mit der Ausdehnung verbundenen Erschlaffung der Sehnen die Bewegung ausführen, sie bei der mit der Kontraktion verbundenen Anspannung der Sehnen jedoch unterlassen.

17,33 (b 32) „den Zuständen, die diesen entgegengesetzt sind". Da mit dem Zustand des Erblassens das Gegenstück zum Erröten bereits genannt ist, können mit den „Zuständen, die diesen entgegengesetzt sind", nur die dem Erschaudern und Zittern entgegengesetzten Zustände gemeint sein, die ebenso wie das Erröten als Folge der Erwärmung aufzufassen sind. In welcher Form diese Zustände manifest werden, war Ar. offensichtlich selbst nicht recht deutlich, denn es ist sicher kein Zufall, daß auch b 22 nur das Erschaudern als Beispiel für körperliche Manifestationen von Affektionen angeführt wird.

Kapitel 8

Als entscheidender Faktor für die Umsetzung des von dem realen oder nur gedachten Gegenstand des Strebens ausgehenden Bewegungsimpulses in körperliche Bewegung werden Wärme und Kälte genannt, die als Folgeerscheinungen von Affektionen im Körper auftreten und in der jeweils erforderlichen Weise eine Veränderung derjenigen Körperteile bewirken, die in irgendeiner Form an der Bewegung beteiligt sind. Die in der Natur dieser Teile liegende Fähigkeit, sich zu verändern, ist, wie Ar. weiter ausführt, die Voraussetzung dafür, daß seelische Prozesse wie Denken, Vorstellung und Wahrnehmung unmittelbar in physiologische Vorgänge übergehen, d. h. die Voraussetzung dafür, daß z. B. ein Denkprozeß und die durch ihn ausgelöste Bewegung gleichzeitig erfolgen.

Nach der Darstellung des Bewegungsmechanismus im Körper wendet Ar. sich im zweiten Teil dieses Kapitels der Frage zu, wo das, was das Lebewesen zuerst bewegt, d. h. die bewegende Seele, ihren Sitz hat. Die Argumentation erfolgt auf dem Wege des Ausschlusses der in Kap. 1 in gewissem Sinn als Ausgangspunkte der Bewegung bestimmten Gelenke. Als Hauptargument gegen die Annahme, daß die Gelenke bzw. ein bestimmtes Gelenk Sitz der bewegenden Seele seien, führt Ar. das Beispiel des Stockes an, der von der Hand bewegt wird. Da das Verhältnis des Stockes zu der ihn bewegenden Hand in bezug auf Anfang und Ende das gleiche ist wie das der Hand zum Handgelenk oder das des Unterarms zum Ellenbogen, scheiden die Gelenke, weil sie zugleich Anfang und Ende sind, d. h., weil sie neben einem unbewegten Teil auch einen Teil aufweisen, der sich bewegt, als Sitz des Bewegungsprinzips im Körper aus.

17,35 f. (b 33) „wie ausgeführt worden ist". Siehe oben Kap. 6, 700 b 23–25.

18,7–9 (702 a 8f.) „die inneren Körperteile – organischen Teile". Unter den organischen Teilen, die aus verschiedenen homoiomeren Substanzen wie Knochen, Sehnen und Fleisch zusammengesetzt sind und deshalb auch als anhomoiomere Teile bezeichnet werden (s. z. B. De part. anim. II 1, 646 b

25–647 a 4), versteht Ar. die Extremitäten (s. z. B. De inc. anim. 4, 705 b 22f.); der Ausgangspunkt für deren Bewegung sind die Gelenke bzw. die jeweils ruhenden Punkte in diesen (s. oben Kap. 1, 698 b 1–4). Bei den inneren Körperteilen und den Gebilden im Bereich der Gelenke, denen Ar. die Fähigkeit zu einer qualitativen Veränderung (und damit zugleich auch zu einer Veränderung in ihrem Volumen) zuschreibt, wird, abgesehen vom Herzen, in erster Linie an die Gefäße und Sehnen zu denken sein (vgl. oben S. 51 f. den Komm. zu S. 17,28), die im Unterschied zu den organischen Teilen zu den homoiomeren Körpersubstanzen gehören.

18,14 (a 12f.) „an vielen Stellen". Die grundlegende Behandlung dieses Problems findet sich De gen. et corr. I 7–9, 323 b 1–327 a 29. Vgl. ferner De gen. anim. II 4, 740 b 21–24; IV 3, 768 b 15–25; De long. 3, 465 b 14–16.

18,22–25 (a 17–19) Ortsbewegung findet also in dem Moment statt, wenn in den organischen Teilen, d. h. in den Extremitäten (s. oben S. 52f. den Komm. zu S. 18,7–9), durch die Einwirkung von Wärme bzw. Kälte eine qualitative Veränderung hervorgerufen wird, wobei die Zu- und Abnahme der Wärme im Körper ihrerseits in letzter Instanz von einer Überlegung oder Sinneswahrnehmung ausgelöst wird (vgl. oben 702 a 2–7).

18,26 (a 20) „Gleichzeitig und schnell". Zur unmittelbaren Aufeinanderfolge von Überlegung (oder Wahrnehmung) und Handlung bzw. Bewegung s. oben Kap. 7, 701 a 11–33.

18,26–28 (a 20f.) „weil das – stehen". Zur wechselseitigen Beziehung zwischen dem *ποιητικόν* und dem *παθητικόν* s. Met. Δ 14f., 1020 b 15–1021 a 25; Phys. III 1, 200 b 28–32.

18,29 (a 21) „was das Lebewesen zuerst in Bewegung versetzt". Im Unterschied zu Kap. 6, 700 b 23f., wo Ar. die Gegenstände des Strebens und der Überlegung als das bezeichnet hat, was „zuerst" bewegt, ist hier unter dem, was das Lebewesen „zuerst" bewegt, das zu verstehen, was die Bewegung der Körperteile unmittelbar auslöst. Das heißt, der Bewegungsablauf wird an dieser Stelle vom Lebewesen her gesehen, und aus dieser Sicht stellt, wie Ar. weiter unten (Kap. 10, 703 a 4–b 2) ausführt, das angeborene Pneuma die „erste" bewegende Ursache dar, das im Herzen als dem Sitz der Seele lokalisiert ist.

18,30–19,26 (a 22–b 11) Auf der Suche nach dem im Körper der Lebewesen befindlichen Prinzip für die Bewegung, deren Mechanismus Ar. zu Beginn unserer Schrift (Kap. 1, 698 b 4–7) zusammenfassend in der Weise erklärt hatte, daß Bewegung nur stattfinden kann, wenn in dem jeweiligen Körper selbst etwas Ruhendes vorhanden ist, von dem die Bewegung ausgeht und das zugleich als Stützpunkt bei der Bewegung sowohl des ganzen Körpers als auch seiner Teile dient, kommt Ar. zunächst wiederum auf die Gelenke zu sprechen, von denen er oben (698 b 1f.) gesagt hatte, daß sie in gewissem Sinn einen Ausgangspunkt der Bewegung darstellen. Wenn er dieses Problem hier noch einmal aufgreift, so allerdings nur deswegen, um die Gelenke insgesamt als möglichen Sitz des bewegenden Prinzips der Seele auszuschließen, da sie nicht nur Anfang, sondern zugleich auch Ende sind.

18,32 (a 23) „ist gesagt worden". Siehe oben Kap. 1, 698 a 17–b 4.

18,38 (a 27) „ist (schon) früher dargelegt worden". Siehe oben Kap. 1, 698 a 14–b 7.

18,38f. (a 27f.) „Das äußerste Ende des Armes". Das heißt der Unterarm.

18,39–42 (a 28–30) Das, was sich bei der Bewegung des Unterarms, d. h. beim Beugen und Strecken des Ober- und Unterarms, im Ellenbogengelenk mit dem Unterarm mitbewegt, sind das proximale Ende der Elle, die Incisura semilunaris ulnae, die vorn von dem Processus coronoides und hinten von dem Olecranon begrenzt wird, und das der Speiche, das Capitulum radii. Der unbewegte Teil ist das distale Ende des Oberarmknochens, der Condylus humeri, der für jeden der beiden Unterarmknochen einen eigenen Gelenkhöcker besitzt, die Trochlea humeri für die Elle und das Capitulum humeri für die Speiche.

18,42–19,2 (a 30f.) „behaupten wir doch – zu zwei Teilen wird". Vgl. oben Kap. 1, 698 a 27–b 1.

19,6f. (a 33f.) „zum Beispiel wenn jemand einen Stock in seiner Hand bewegte". Das Beispiel des Stockes benutzt Ar. auch Phys. VIII 5, 256 a 6–13. Während das Beispiel hier jedoch dazu dient, den Bewegungsablauf zu veranschaulichen, soll in unserem Zusammenhang mit seiner Hilfe deutlich gemacht werden, daß die Gelenke, die nicht nur Anfang, sondern zugleich Ende von etwas anderem sind, als Sitz des bewegenden Seelenprinzips nicht in Frage kommen, da sich ein lebloser Gegenstand, eben ein Stock, der, in die Hand genommen, gewissermaßen eine Verlängerung des Armes darstellt, im Hinblick auf Anfang und Ende zur Hand ebenso verhält wie diese zum Unterarm und der Unterarm zum Oberarm.

19,8f. (a 35f.) „in dem äußersten Ende des Teils, der bewegt wird". Damit ist der Teil des Stockes gemeint, den die Hand berührt und der im Verhältnis zur Hand den Anfang des Stockes bildet, während der „andere Anfang", d. h. der Ausgangspunkt für die Bewegung des Stockes, den Punkt in der Hand bezeichnet, von dem die Bewegung des Stockes ausgeht und der zugleich das Ende der Hand darstellt (so auch Nussbaum, De Motu Animalium, 365; s. auch 702 b 8f.: „der Bewegungsursprung von dem äußersten Ende des Stockes in der Hand").

19,14 (b 4) „dieser Teil". Das Handgelenk, genauer gesagt, die distalen Enden der Unterarmknochen, die sich zum Ellenbogengelenk ebenso verhalten wie das äußerste Ende der Hand zum Handgelenk und wie das untere Ende des Stockes zu der gleichsam ein Gelenk bildenden Verbindungsstelle zwischen Stock und Hand.

19,17–19 (b 6f.) „Das bewegende Prinzip – Teils ist". Die Gelenke scheiden also als Sitz des bewegenden Seelenprinzips aus, da sie einen Bewegungsursprung verkörpern, der zugleich Anfang und Ende ist.

19,20–22 (b 8f.) Wie das Handgelenk den Ausgangspunkt für die Bewegung der Hand darstellt, so übt die Hand diese Funktion im Verhältnis zum Stock aus (vgl. oben den Komm. zu S. 19,8f.).

19,24 (b 10) „dort". Das heißt im Handgelenk.

19,24–26 (b 10f.) „denn außerdem bewegt sich – bleibt". Das Handgelenk scheidet nach Ansicht des Ar. auch deswegen als Sitz des bewegenden Seelenprinzips aus, weil die Hand zusammen mit dem Unterarm auch als ein zusammenhängendes Ganzes vom Ellenbogen aus bewegt werden kann.

Kapitel 9

Zunächst gibt Ar. drei Gründe an, die es erforderlich machen, die bewegende Seele in der Mitte des Körpers zu lokalisieren: erstens den im Hinblick auf die rechte und linke Körperseite symmetrischen Körperbau, zweitens die Tatsache, daß die Teile auf beiden Körperseiten gleichzeitig bewegt werden, so daß keine der beiden Seiten für die andere den für die Bewegung notwendigen ruhenden Stützpunkt darstellen kann, und drittens den Umstand, daß der Bewegungsursprung sich immer in etwas befinden muß, das höher ist als das, was bewegt wird. Die Richtigkeit der Annahme von der Körpermitte als dem Sitz des Bewegungsprinzips sieht Ar. durch zwei weitere Faktoren bestätigt. Zum einen hat auch das Wahrnehmungsvermögen, das die zur Bewegung führenden Veränderungen auslöst, in der Mitte des Körpers seinen Sitz, und zum anderen bildet der mittlere Körperteil zwar potentiell eine Einheit, er wird aber aktualiter zu mehreren Teilen und ist damit geeignet, mehrere Bewegungen gleichzeitig zu steuern. Um den Bewegungsmechanismus in diesem Zentrum deutlich zu machen, bedient Ar. sich wiederum eines mathematischen Modells, in dem die Punkte *B* und *C* für die zu bewegenden Körperteile und Punkt *A* für den Ausgangspunkt der Bewegung stehen. Das Modell ist jedoch nur bedingt geeignet, das Geschehen zu veranschaulichen, denn im Unterschied zu einem mathematischen Punkt stellt das animalische Bewegungszentrum, da es aus mehreren Teilen besteht, eine Größe dar.

19,27–35 (b 12–16) Ebenso wie die Extremitäten scheiden auch die beiden Seiten des Rumpfes als Sitz des bewegenden Seelenprinzips aus. Denn da sich die rechte und die linke Körperseite auf Grund der Tatsache, daß sie in ihrem anatomischen Bau einander entsprechen, gleichzeitig bewegen, ist es unmöglich, daß die eine Seite der anderen als der für die Bewegung notwendige ruhende Stützpunkt (s. oben 698 a 14–17) dient. Der Sitz des Seelenprinzips, das alle Körperbewegungen koordiniert, ist also in der Mitte des Körpers zu suchen, die für Ar., ausgenommen beim Menschen, bei dem das Herz zugestandenermaßen etwas weiter links liegt (s. De part. anim. III 4, 666 b 6–8), mit dem Herzen gegeben ist, das nach seinen Vorstellungen den Schnittpunkt für oben und unten, vorn und hinten sowie rechts und links darstellt (s. De inc. anim. 6, 706 b 25–28).

19,33 (b 15) „höher" (*ἀνωτέρω*). Da wohl auch Ar. schwerlich behaupten konnte, daß die Mitte des Körpers, das Herz, „höher" liegt (vgl. Kap. 8, 702 b 10) als die beiden Körperseiten, muß *ἀνωτέρω* hier dem Rang nach höher bedeuten. Zu dieser Bedeutung von *ἄνω* bei Ar. vgl. z. B. EN VIII 2, 1155 b 2. Die ranghöchste Stellung, die das Herz als Sitz der Seele unter den Körperteilen einnimmt, kommt auch darin zum Ausdruck, daß es sich, wie Ar. De gen. anim. II 6, 743 b 25f. schreibt, in der Embryonalentwicklung als erstes Körperorgan ausformt.

19,35 f. (b 16f.) „denn die Mitte – Extreme". Zur Definition der Mitte als der äußersten Begrenzung für die beiden Extreme vgl. auch De part. anim. III 1, 661 b 10f., wo es heißt, daß die Mitte an beiden Extremen Anteil hat. Die Formulierung aus De part. anim. macht deutlich, daß unter der „äußersten Begrenzung" der Extreme der Punkt zu verstehen ist, wo zwei Extreme, wie z. B. oben und unten, aufeinandertreffen und damit aufhören, Extreme zu sein.

19,36–40 (b 17–20) „Diese verhält sich – Wirbelsäule haben". Mit den Bewegungen, die von der Wirbelsäule herkommen, sind vermutlich die zu Beginn dieses Kapitels erwähnten Bewegungen auf der rechten und linken Körperseite gemeint, die ebenso wie die Bewegungen von oben und unten in der Mitte des Körpers aufeinandertreffen, womit Ar. offenbar den Beweis erbracht sah, daß die Bewegungen in den oberen und unteren sowie in den rechten und linken Körperpartien von dort aus in gleicher Weise gesteuert werden.

19,41 f. (b 20f.) „denn auch das Wahrnehmungsvermögen – seinen Sitz". Ar. hat die Auffassung vom Herzen als dem Zentralorgan und dem Sitz des Wahrnehmungsvermögens in bewußtem Gegensatz zu der auf Alkmaion von Kroton zurückgehenden Lehrmeinung vertreten, der zufolge dem Gehirn diese Rolle zukommt. Den Ausschlag für die Entscheidung des Ar. dürfte die zentrale Lage des Herzens im Körper gegeben haben (s. z. B. De gen. anim. II 6, 743 b 25f.; De iuv. 1, 467 b 28–30; De part. anim. III 3, 665 a 10–14; vgl. dazu Tracy, 183–188).

19,42–20,5 (b 21–25) Vgl. oben Kap. 7, 701 b 13–32.

20,5–7 (b 25f.) „Der mittlere Teil – (Teilen) werden". Wenn man auch davon ausgehen kann, daß den Ausführungen dieses ganzen Kapitels die Vorstellung vom Herzen als dem Zentralorgan (s. oben den Komm. zu S. 19,41 f.) zugrunde liegt, so ist es doch sicher kein Zufall, daß Ar. hier nicht das Herz erwähnt, sondern ohne konkreten Bezug auf ein bestimmtes Organ ganz allgemein vom „mittleren Teil des Körpers" spricht. Denn im Unterschied zum anatomischen Befund bei den Gelenken, der die Feststellung des Ar., daß sie potentiell eine Einheit bilden, sich aktualiter aber als zwei Teile erweisen (Kap. 1, 698 a 18f. u. 27f.), gerechtfertigt erscheinen läßt, dürfte ihm der anatomische Bau des Herzens wohl kaum einen Ansatzpunkt dafür geboten haben, die Gegebenheiten bei den Gelenken auf dieses Organ zu übertragen. Dieser Schwierigkeit war sich Ar. offenbar bewußt; seiner Bewegungstheorie zufolge mußte es jedoch im mittleren Abschnitt des Körpers eine „Größe" (702 b 31 u. 703 a 3) geben, die dem geforderten Sachverhalt entspricht. Daß er hierbei nicht an das Herz dachte (so Düring, Aristoteles, 342), beweist die Stelle Kap. 10, 703 a 11–14, wo das angeborene Pneuma und das Seelenprinzip zu den beiden Punkten in den Gelenken in Beziehung gesetzt werden.

20,10–26 (b 28–703 a 3) Zu den Diagrammen in unserer Schrift s. oben S. 38 f. den Komm. zu S. 9,22–10,8. Die mit den Punkten *A B C* umschriebene Figur, die einen Winkel darstellt, in dem der Punkt *A* den Scheitelpunkt bildet und die Punkte *B* und *C* die Endpunkte der Schenkel bezeichnen (s. Abb. 2), soll den Bewegungsmechanismus im bewegenden Prinzip der Seele

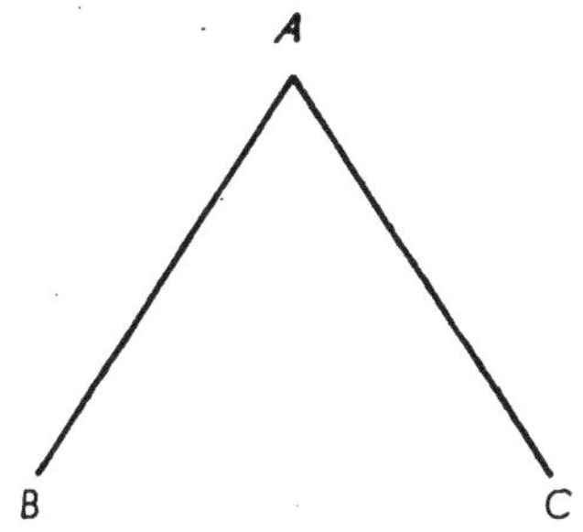

Abb. 2

veranschaulichen. Wie aus den folgenden Darlegungen hervorgeht, steht der Punkt *A* stellvertretend für den Bewegungsursprung, während mit den Punkten *B* und *C* die zu bewegenden Teile gekennzeichnet sind. Das von Ar. gewählte mathematische Modell ist jedoch kaum dazu geeignet, das anstehende Problem, nämlich die Struktur des Bewegungsursprungs, anschaulich zu machen. Die eigentliche Schwierigkeit besteht darin, daß sich der Bewegungsursprung nicht durch einen Punkt darstellen läßt, da dieser „in jeder Beziehung unteilbar" ist (698 a 24 f.), während der Bewegungsursprung zwar potentiell eine Einheit bildet, sich deswegen aber, weil er mehrere Körperteile gleichzeitig bewegt, in actu als aus mehreren Teilen bestehend und damit im Unterschied zum Punkt als eine „Größe" erweist. Da auf diese Ausgangspunkte der Bewegung, die nur potentiell eine Einheit bilden, außerdem zutrifft, daß sie bewegen, indem sie selbst bewegt werden, ist noch eine weitere Komponente in diesem Bereich notwendig, die nicht nur bewegt, ohne selbst bewegt zu sein, sondern die Funktion des unbewegten Bewegers auch insofern erfüllt, als sie aktualiter eine Einheit darstellt, nämlich die Seele, die von der „Größe", die von dem aus mehreren Teilen bestehenden Bewegungsursprung gebildet wird, verschieden ist, aber in dieser ihren Sitz hat.

Warum die Ausgangspunkte, die die Körperteile bewegen, auch ihrerseits bewegt werden, sagt Ar. in diesem Zusammenhang nicht. Die Begründung für dieses Postulat liefert seine Lehre von der Bewegung, wie er sie in De an. III 10, 433 b 13–15 und Phys. VIII 5, 256 b 14–24 formuliert hat. Danach sind für jede Bewegung drei Glieder erforderlich: erstens das, was bewegt, ohne selbst bewegt zu sein (in unserem Falle die Seele), zweitens das, was bewegt, indem es selbst bewegt wird (diesem Glied entsprechen bei der animalischen Bewegung die Ausgangspunkte für die Bewegung der Körperteile), und drittens das, was bewegt wird, ohne selbst etwas anderes zu bewegen (beim Lebewesen sind das die Gliedmaßen, die eine Ortsbewegung ausführen).

Kapitel 10

Da es sich bei der animalischen Bewegung um ein körperliches Geschehen handelt, hat Ar. in diesem Kapitel den Schritt gewagt, das mittlere Glied der Bewegungskette, das Streben, durch eine körperliche Größe, das angeborene Pneuma, zu ersetzen, das er auf Grund von dessen natürlicher Beschaffenheit für geeignet hält, die von der unbewegten Seele ausgehenden Bewegungsimpulse aufzunehmen und vermittels seiner eigenen Bewegung (Kontraktion und Ausdehnung) an die zu bewegenden Körperteile weiterzuleiten. Im Hinblick darauf, daß das Pneuma auf Grund seiner natürlichen Eigenschaften imstande ist, Bewegung auszulösen, wird es von Ar. den natürlichen Körpern, den Elementen, an die Seite gestellt. Am Schluß des Kapitels vergleicht Ar. die Organisation des Körpergeschehens mit einem gut regierten Staatswesen: Wie hier, wenn die Ordnung einmal hergestellt ist, jedes Mitglied der Gemeinschaft die ihm übertragenen Aufgaben erfüllt, ohne daß in jedem einzelnen Fall die Präsenz des Alleinherrschers erforderlich ist, so ist es auch für den ungestörten Ablauf des Körpergeschehens nicht notwendig, daß die Seele in allen Teilen des Körpers anwesend ist, da diese durch die natürliche Verbindung mit ihr die ihnen zukommenden Aufgaben erfüllen.

20,27–30 (703 a 4–6) „Nach unserer Lehre – Substanz geben". Ar. spielt hier auf De an. III 10, 433 b 13–27 an, wo er auf eine geplante ausführlichere Behandlung des Problems der von Körper und Seele gemeinsam ausgeführten Tätigkeiten hingewiesen hatte. Das dort gegebene Versprechen hat Ar. mit den folgenden Ausführungen eingelöst, in denen er darum bemüht ist, Bewegung auf das Zusammenwirken von Körper und Seele zurückzuführen. Sowohl in De an. (433 b 16f.) als auch an unserer Stelle wird das Streben als das mittlere Glied der Bewegung, als das, was bewegt, indem es selbst bewegt wird, bezeichnet (vgl. auch oben Kap. 6, 700 b 35–701 a 6). Die Darlegungen in De an. und an der hier zu besprechenden Stelle weichen aber in zwei Punkten entscheidend voneinander ab: 1. In De an. heißt es, daß „das sich im Handeln verwirklichende Gute" dasjenige sei, was das Streben bewegt, ohne dabei selbst bewegt zu sein (433 b 15f.; s. auch De mot. anim. 6, 700 b 23f.), d. h. etwas, das außerhalb des betreffenden Lebewesens liegt. Nach den Ausführungen in dem vorliegenden Kapitel von De mot. anim., die sich auch nicht mehr mit dem decken, was Ar. – offenbar in Anlehnung an die von ihm in De an. entwickelten Vorstellungen – darüber im 6. Kapitel unserer Schrift gesagt hat (700 b 10–701 a 6), fungiert dagegen das „Seelenprinzip" als unbewegter Beweger (703 a 11–14). 2. In De an. hat Ar. gesagt, daß das Streben sich eines „körperlichen Werkzeugs" – es wird, wie dort angekündigt, in De mot. anim. mit dem angeborenen Pneuma identifiziert – bedient und mit dessen Hilfe das Lebewesen in Bewegung setzt (433 b 19). An unserer Stelle wird demgegenüber das Streben, d. h. das, was bewegt, indem es selbst bewegt wird, nachgerade mit dem angeborenen Pneuma gleichgesetzt, das nunmehr zum Werkzeug der Seele wird (vgl. Verbeke, 202), während das Streben als Mittelglied der Bewegung völlig aus der Diskussion verschwindet (s. a 11–29).

Die aufgezeigten Unterschiede in der Auffassung vom Bewegungsmechanismus in De an. und in dem vorliegenden Kapitel von De mot. anim. sind aber nicht als Ausdruck einer Entwicklung in der Seelen- und Bewegungslehre des Ar. zu werten. Dagegen spricht allein schon die Tatsache, daß sich die gleiche Divergenz auch in unserem insgesamt nur 11 Kapitel umfassenden Traktat findet, wie der Vergleich der betreffenden Ausführungen in Kapitel 6 und in Kapitel 10 lehrt. Wäre Ar. dem Anteil des Körpers beim Zustandekommen der Bewegung in De an. weiter nachgegangen, so wäre er dort vermutlich zu dem gleichen Ergebnis gelangt wie im vorliegenden Kapitel von De mot. anim. Aber in dieser speziell der „Seele" gewidmeten Schrift glaubte er mit gutem Grund die körperliche Komponente beiseite lassen zu können. Sie näher zu bestimmen war der geplanten Untersuchung der animalischen Bewegung vorbehalten, die Ar. nicht nur als psychisches, sondern vor allem auch als physiologisches Geschehen verstand, und daher sah er sich, wollte er konsequent bleiben, letztlich gezwungen, den Bewegungsmechanismus als einen Vorgang zu erklären, der sich von Anfang bis Ende im Körper selbst abspielte. Das hatte zur Folge, daß er zum einen den abstrakten Begriff des Strebevermögens durch das in einer körperlichen Substanz bestehende Pneuma ersetzte, das in einer bestimmten Weise konkret in das Körpergeschehen eingreifen konnte, und daß er zum anderen nicht mehr den Gegenständen, auf die das Streben gerichtet ist, sondern der Seele die Funktion des unbewegten Bewegers zuwies, die im Körper, genauer gesagt, im Herzen ihren Sitz hat. Auf welche Weise die Seele dem Pneuma Bewegungsimpulse vermittelt, erfahren wir allerdings nicht. Wenn Ar. das Verhältnis des Pneumas zur Seele mit dem Verhältnis vergleicht, das in den Gelenken zwischen dem bewegenden und zugleich bewegten Punkt und dem unbewegten besteht, so besagt das lediglich, daß die Seele das ist, was unbewegt bleibt, und dem Pneuma die Rolle des bewegenden und zugleich bewegten Teils in den Gelenken zufällt. Das Verhältnis zwischen Pneuma und Seele ist jedoch insofern grundverschieden von dem zwischen den beiden Punkten in den Gelenken, als es sich bei den ersteren um das Verhältnis einer körperlichen zu einer unkörperlichen Größe handelt, während das zweite zwischen zwei gleichgearteten Körpern besteht.

20,32f. (a 8f.) „dasjenige dagegen – Kraft und Stärke verfügen". Vgl. oben Kap. 3f., 699 a 32–b 29, wo Ar. dieses Problem bereits ausführlich behandelt hat. Ebenso wie Kap. 3, 699 b 5–10 sind die Begriffe *δύναμις* und *ἰσχύς* hier synonym gebraucht (s. oben S. 42 den Komm. zu S. 11,39).

20,33–35 (a 9f.) „Es ist aber offensichtlich – stark sind". Der Übergang von der Feststellung, daß das Auslösen einer Bewegung eine gewisse Kraft erfordert, zum „angeborenen Pneuma" erscheint abrupt. Die gedankliche Verbindung liefert ein Satz aus De somn. 2, 456 a 15–18, in dem Ar. die für die Auslösung einer Bewegung erforderliche Kraft mit dem Anhalten der Luft (*πνεῦμα*) in Verbindung bringt. Mit *πνεῦμα* werden hier sowohl die Atemluft, die von außen in den Körper gelangt, als auch das im Körper befindliche angeborene Pneuma bezeichnet, von dem allein an unserer Stelle die Rede ist. Der Begriff des Pneumas, das in der Physiologie des Stagiriten eine zentrale Stellung einnimmt, ist bei Ar. nicht eindeutig gefaßt. Während er das Pneuma De gen. anim. II 2, 736 a 1 als „warme Luft" (θερμὸς ἀήρ) definiert, heißt es wenig später (736 b 37–737 a 1), daß die im Pneuma enthaltene Substanz (φύσις) dem Element der Sterne, d. h. dem Äther, entspricht (s. dazu Solmsen, 120–122). Trotzdem wird man davon ausgehen dürfen, daß es sich nach den Vorstellungen des Ar. bei dem angeborenen Pneuma um eine ganz spezielle luftartige Substanz handelt, der in Verbindung mit der Wärme alle höheren Lebensfunktionen im Körper zufallen (s. Verbeke, 191 bis 203; Peck, 576–593; Ross, 40–43; Nussbaum, De Motu Animalium, 158 bis 164).

20,36 (a 11) „an anderer Stelle". Dieser Verweis auf frühere Ausführungen läßt sich in den erhaltenen Schriften des Ar. nicht verifizieren; s. Düring, Aristoteles, 342 Anm. 336, der zugleich mit Recht darauf hinweist, daß die hier angeschnittene Frage auch in der pseudoaristotelischen Schrift *Περὶ πνεύματος* nicht behandelt wird. Dasselbe gilt auch für De respir. 20, 479 b 17–480 a 15, einen Abschnitt, den Louis in der Anmerkung zur Stelle als möglichen Bezugspunkt anführt. Michael Ephesius nennt in seinem Kommentar (CAG XXII 2, 127,16f.) *Περὶ τροφῆς* als die Schrift, in der Ar. dem Problem der Erhaltung des Pneumas nachgegangen sei. Von dieser Abhandlung hat sich jedoch keine Spur erhalten, wir wissen nicht einmal, ob Ar. sie überhaupt geschrieben bzw. vollendet hat (s. Düring, Aristoteles, 514), so daß es fraglich bleiben muß, ob Michael eine unter dem Namen des Ar. umlaufende Schrift dieses Titels vorgelegen hat oder ob seine Behauptung lediglich auf einer scharfsinnigen Kombination beruht.

20,42–21,1 (a 16f.) „Ob nun das Pneuma – erweist". Die hier aufgeworfene Frage hat Ar. De gen. anim. II 3, 736 b 29–737 a 1 zugunsten der zweiten Möglichkeit entschieden. Die Unterschiede, die das Pneuma aufweist, sind abhängig von der unterschiedlichen Wertigkeit der einzelnen Seelenvermögen, mit denen das Pneuma jeweils verbunden ist. Das heißt, einer höheren Seelentätigkeit, wie sie z. B. die Wahrnehmung gegenüber der Ernährung und Zeugung darstellt, entspricht auch eine höhere Qualität des Pneumas.

21,4–18 (a 19–29) Stoßen und Ziehen sind nach Ar. die Grundformen (ἀρχαί; De inc. anim. 2, 704 b 22f.) der Bewegungen, auf sie lassen sich alle anderen Ortsbewegungen reduzieren (s. Phys. VII 2, 243 b 15–17). Den Zug führt das Pneuma aus, indem es sich zusammenzieht, und den Stoß, wenn es sich ausdehnt. Wichtig ist dabei für Ar., daß das Pneuma sich auf Grund seiner natürlichen Beschaffenheit ausdehnen und zusammenziehen kann, d. h. ohne Gewalteinwirkung und ohne dabei eine qualitative Veränderung zu erfahren. Beides würde dem Wesen eines Bewegungsprinzips widersprechen, dem, wie das Beispiel der Elemente lehrt, eine natürliche Bewegung eigen sein muß (vgl. auch Verbeke, 196).

21,9f. (a 23) „auf Grund derselben Ursache". Das heißt auf Grund seiner natürlichen Beschaffenheit.

21,13 (a 24) „mit den entgegengesetzten Substanzen". Das dem Feuer entgegengesetzte Element ist das Wasser (s. De gen. et corr. II 3, 331 a 1f.).

21,15 (a 26) „die natürlichen Körper". Es sind die vier Elemente Feuer,

Wasser, Luft und Erde. Die Bewegung dieser Körper hat Ar. De caelo III 2, 300 a 20–301 b 31 ausführlich behandelt.

21,21–35 (a 29–b 2) Dem Vergleich des Körpers mit einem Staatswesen begegnet man auch schon bei Platon (Tim. 69 D–72 D). Während er dort jedoch dazu dient, die Zuweisung der einzelnen Seelenteile an bestimmte Organe und deren Anordnung im Körper zu veranschaulichen, will Ar. an ihm demonstrieren, daß alle Körperfunktionen von einem Zentralorgan (der Seele) aus gesteuert werden, mit dem die einzelnen Körperteile auf Grund der vorgegebenen Körperstrukturen verbunden sind.

Kapitel 11

In dem letzten Kapitel dieser Schrift beschäftigt Ar. sich mit den unwillkürlichen und nicht willkürlichen Bewegungen im Bereich des animalischen Körpers, die im Unterschied zu den zuvor behandelten willkürlichen Bewegungen nicht von der Vernunft bzw. der Vorstellung oder dem Streben gesteuert werden. Unter den nicht willkürlichen Bewegungen versteht er z. B. Schlaf, Erwachen und Atmung, die eine Folge der im Körper stattfindenden physiologischen Prozesse sind. Um unwillkürliche Bewegungen handelt es sich dagegen bei den Bewegungen des Herzens und des Geschlechtsgliedes, die selbsttätig auf äußere Reize reagieren, da sie beide, das Herz als Sitz der Wahrnehmungsvermögen und das Genitale als Träger der im Samen enthaltenen bewegenden und formenden Kraft gewissermaßen eigenständige Lebewesen sind. Aber auch in diesen Bewegungsablauf ist der zentrale Bewegungsursprung einbezogen, da die Bewegungen, wie Ar. an dem gleichen mathematischen Modell wie in Kapitel 9 zu demonstrieren versucht, von den Teilen (Punkt *B* und *C*) zum Ausgangspunkt (Punkt *A*) und von diesem wiederum zu den Teilen gelangen.

21,36–22,4 (b 3–11) Die Unterscheidung zwischen freiwilligem, unfreiwilligem und nicht freiwilligem Handeln in EN III 1–2, 1109 b 30–1111 a 21 kann nur bedingt als Parallele für die hier getroffene Unterscheidung zwischen willkürlichen, unwillkürlichen und nicht willkürlichen Bewegungen herangezogen werden, da solche Begriffe wie Unwissenheit, Mißbehagen, Bedauern oder Zwang, die bei der Bestimmung des Handelns als unfreiwillig oder nicht freiwillig eine entscheidende Rolle spielen, im physiologischen Bereich nicht anwendbar sind (vgl. dazu Nussbaum, De Motu Animalium, 379–381). Bei der Übertragung dieses Dreierschemas auf die Körperbewegungen hat Ar. sich, wie es scheint, an den Begriffen Vernunft und Streben, die von ihm oben Kap. 6, 700 b 17–19 als die Bewegung auslösenden Faktoren genannt worden sind, als den bestimmenden Kriterien orientiert: Die willkürlichen Bewegungen (dazu gehören z. B. die Bewegungen der Extremitäten) werden prinzipiell auf Grund einer Entscheidung, d. h. auf Grund einer vernünftigen Überlegung oder auf Grund eines Strebens (vgl. oben Kap. 6, 700 b 20–23), ausgeführt; die nicht willkürlichen Bewegungen wie Atmung, Schlaf und Erwachen dagegen erfolgen, ohne daß sie von der Vernunft und dem Streben gesteuert werden, während an den unwillkürlichen Bewegungen, den Bewegungen des Herzens und des Geschlechtsgliedes, allein die Vernunft beteiligt ist, und diese auch nur indirekt, da die Bewegungen des Herzens und des Genitales, wie Ar. schreibt, häufig wider die Vernunft, durch den bloßen Anblick eines bestimmten Gegenstandes oder auch nur durch den Gedanken an ihn ausgelöst werden.

Daß Ar. sich bei dieser Unterteilung der Körperbewegungen in erster Linie von seiner Bewegungslehre und nicht so sehr von den physiologischen Gegebenheiten leiten ließ, beweist die Tatsache, daß ihn im Hinblick auf die Herzbewegung nicht die normale Herztätigkeit (die Pulsbewegung), die wie die Atmung unter die nicht willkürlichen Bewegungen einzuordnen gewesen wäre, sondern lediglich der als Zeichen einer Affektion auftretende verstärkte Herzschlag interessierte.

21,36 (b 3) „die willkürlichen Bewegungen". Unter den hier als willkürliche Bewegungen der Lebewesen bezeichneten Bewegungsabläufen sind diejenigen zu verstehen, deren Zustandekommen und Mechanismen Ar. in den voraufgegangenen zehn Kapiteln behandelt hat.

21,41 (b 6) „die des Herzens". In De respir. hat Ar. drei Arten der Herzbewegung unterschieden (s. De respir. 20–21, 479 b 17–480 b 20): 1. das Herzklopfen (*πήδησις*), das auftritt, wenn die im Herzen befindliche Wärme unter dem Druck der mit bestimmten Krankheiten oder Angstzuständen einhergehenden Kälte zusammengepreßt wird und ihrerseits einen Gegendruck erzeugt; 2. die Pulsbewegung (*σφυγμός*), bei der es sich um eine ständige Bewegung handelt, da sie die Folge eines physiologischen Prozesses, nämlich der im Herzen stattfindenden Blutbereitung ist, die nach Ar. so vonstatten geht, daß die Flüssigkeit, die aus der Nahrung in das Herz gelangt, dort infolge der Wärme im Herzen verdampft, wobei der entstehende Dampf aufsteigt, gegen die äußere Herzwand drückt und so die als *σφυγμός* bezeichnete Bewegung hervorruft; 3. die Atmung (*ἀναπνοή*), die durch die Zufuhr kalter Luft von außen der Abkühlung der Wärme im Herzen dient, bei deren ernährungsphysiologisch bedingter Zunahme sich das Herz mitsamt Lunge und dem beide Organe umgebenden Brustkorb mit ausdehnt, während es bei deren durch die Abkühlung verursachter Abnahme wieder auf seine ursprüngliche Größe zusammenfällt. Um welche von diesen drei Bewegungsformen des Herzens es Ar. an unserer Stelle geht, ist nicht ausdrücklich gesagt. Die Tatsache, daß er die Herzbewegung unter die unwillkürlichen Bewegungen subsumiert, die eine Reaktion auf bestimmte äußere Reize darstellen (s. b 7f.), läßt jedoch keinen Zweifel daran, daß unter dieser Bewegung das Herzklopfen zu verstehen ist, dessen eigentliche Ursache außerhalb des natürlichen Körpergeschehens liegt; die beiden anderen Bewegungen, sowohl die Atmung als auch die Pulsbewegung, sind physiologische Vorgänge und gehören somit zu den nicht willkürlichen Bewegungen (s. b 8f., wo die Atmung als Beispiel unter den nicht willkürlichen Bewegungen genannt ist).

22,2 (b 8f.) „Schlaf, Erwachen, Atmung". Die Physiologie des Schlafes hat Ar. in De somn. 3, 456 a 30–458 a 32 ausführlich behandelt (vgl. auch De part. anim. II 7, 653 a 10–19). Nach seinen Vorstellungen tritt der Schlaf ein, wenn das Gehirn das mit Nahrungsstoffen angereicherte Blut im Bereich des Kopfes abkühlt und dadurch ein Wärmestau in den tiefer gelegenen Körperpartien entsteht. Wenn die Nahrung verdaut ist und wiederum dünnes und reines Blut zum Kopf und das dicke und unreine Blut in die unteren Körperteile gelangt, erfolgt Erwachen. Zur Aristotelischen Theorie von der Atmung, deren Funktion nach Ansicht des Stagiriten in der Ventilation der im Herzen befindlichen Wärme besteht, s. De respir. 21, 480 a 16–b 20; vgl. auch oben S. 62 den Komm. zu S. 21,41.

22,2f. (b 9) „alle anderen derartigen Bewegungen". Zum Beispiel Wachstum (s. Phys. VIII 6, 259 b 9) und Pulsbewegung (vgl. oben S. 62 den Komm. zu S. 21,41).

22,4–14 (b 11–18) Ebenso wie die willkürlichen Bewegungen (s. oben Kap. 7, 701 b 13–24) macht Ar. auch die unwillkürlichen und nicht willkürlichen Bewegungen von den durch Wärme und Kälte bedingten Veränderungen der Teile im Körperinneren abhängig. Der hier beschriebene Bewegungsmechanismus stimmt aber auch insofern mit dem überein, der den willkürlichen Bewegungen zugrunde liegt, als zumindest im Hinblick auf die unwillkürlichen Bewegungen unmißverständlich gesagt wird, daß die ihnen voraufgehenden Veränderungen durch Gegenstände hervorgerufen werden, die sich außerhalb des Lebewesens befinden (b 18–20). Daß Ar. denselben Bewegungsmechanismus auch für die nicht willkürlichen Bewegungen in Anspruch genommen hat, erfahren wir Phys. VIII 6, 259 b 8–12, wo davon die Rede ist, daß für die dem animalischen Körper immanenten Bewegungen wie Wachstum, Rückbildungsprozesse und Atmung nicht die Lebewesen selbst, sondern ihre Umgebung und vieles von dem, was in den Körper hineingelangt, z. B. die Nahrung, die Ursache sind (vgl. auch Phys. VIII 2, 253 a 15–20).

22,12 (b 17) „der genannten (Körperteile)". Das Herz und das Geschlechtsglied; s. oben b 6–8.

22,14f. (b 18f.) „wie zuvor gesagt worden ist". Siehe oben Kap. 6, 701 b 18–22.

22,17 (b 20f.) „diese (Körper)teile". Das Herz und das Geschlechtsglied.

22,18f. (b 21f.) „weil jeder – Lebewesen ist". Während Ar. den Vergleich des (schlagenden) Herzens mit einem Lebewesen auch De part. anim. III 4, 666 a 20–22; b 16f. gebraucht, scheint es für den Vergleich des Geschlechtsgliedes mit einem Lebewesen keine weiteren Belege in den Aristotelischen Schriften zu geben (vgl. jedoch De gen. anim. I 2, 716 b 9f., wo die Geschlechtsorgane als eine Art Prinzip bezeichnet werden, und oben S. 51 den Komm. zu S. 17,23–25). Da Ar. nicht zu den antiken Autoren gehört, die den Uterus als Lebewesen bezeichnet haben, ist auch nicht anzunehmen, daß er in diesem einen Falle den Vergleich vom weiblichen auf das männliche Geschlechtsorgan übertragen hat. Möglicherweise handelt es sich um eine Reminiszenz an Platon, der nicht nur die Auffassung von der Gebärmutter als einer Art Lebewesen vertreten hat, sondern darüber hinaus auch das männliche Genitale im Hinblick auf seinen Ungehorsam und seine Eigenmächtigkeit mit einem Lebewesen vergleicht, das sich gegenüber der Vernunft ungehorsam zeigt (s. Tim. 91 C/D; vgl. oben b 16f., wo gesagt war, daß die Bewegungen des Geschlechtsgliedes wider die vernünftige Überlegung erfolgen). Dafür spräche, daß meines Wissens auch die im folgenden Satz zum Beweis für die Richtigkeit dieses Vergleichs vorgenommene Kennzeichnung der Kraft des Samens als eine Art Lebewesen (b 26) bei Ar. singulär ist. Sie läßt sich auch nur schwer mit seiner Samentheorie vereinbaren; denn nach den Vorstellungen des Ar. ist das bewegende und formende Prinzip, das bei der Zeugung vom Samen auf den vom weiblichen Individuum bereitgestellten Stoff übertragen wird, immateriell (s. De gen. anim. I 21, 729 a 34–b 21), so daß der Begriff Lebewesen, den Ar. hier auf die (bewegende und formende) Kraft des Samens anwendet, bestenfalls als rein abstrakter Begriff im Sinne von „Lebensprinzip" gefaßt sein kann.

22,19f. (b 22f.) „Ursache – enthalten". Dieser Satz ist von Jaeger, dem Nussbaum folgt, mit Recht als Interpolation aus dem Text ausgeklammert worden, da der Textzusammenhang durch den Einschub empfindlich gestört wird. Denn die Argumentation im folgenden Satz liefert nicht die Begründung dafür, daß beide Organe Träger einer lebenspendenden Substanz sind, sondern gibt die Gründe an, warum sowohl das Herz als auch das Genitale mit einem Lebewesen verglichen werden können (vgl. unten den Komm. zu S. 22,20–25 und oben S. 62 den Komm. zu S. 21,41; vgl. auch Nussbaum, The text, 157f.).

22,20–25 (b 23–26) Daß Ar. die Richtigkeit des Vergleichs des Herzens mit einem Lebewesen darin bestätigt sieht, daß das Herz Sitz des Wahrnehmungsvermögens ist, dürfte seinen Grund darin haben, daß die Wahrnehmung das entscheidende Kennzeichen des animalischen Lebens gegenüber dem pflanzlichen ist. Zu dem das Geschlechtsglied betreffenden Beweis vgl. oben S. 63f. den Komm. zu S. 22,18f.

22,25–36 (b 26–36) Nachdem Ar. zuvor festgestellt hatte, daß auch den unwillkürlichen Bewegungen Veränderungen der Teile im Inneren des Körpers voraufgehen, ist es nur folgerichtig, wenn er bei ihnen einen Bewegungsverlauf in zwei Richtungen annimmt. Zum einen wird der von außen kommende Reiz von den betroffenen Körperteilen zu dem im Zentrum des Körpers befindlichen Bewegungsursprung geleitet, und zum anderen gelangt in umgekehrter Richtung der Bewegungsimpuls vom Bewegungsursprung zu den Teilen. Da der zentrale Bewegungsursprung, Punkt *A* (das hier benutzte mathematische Modell ist das gleiche wie im 9. Kapitel, s. oben S. 56f. den Komm. zu S. 20,10–26), aus mehreren Teilen besteht (s. oben Kap. 9, 702 b 30f.) und infolgedessen imstande ist, mehrere Bewegungen gleichzeitig zu steuern, hält Ar. mehrere Varianten dieses Bewegungsablaufs für möglich: 1. Die von jeweils einem Punkt ausgehende Bewegung gelangt wieder zu diesem zurück (die Bewegung von *B* zu *B* bzw. die von *C* zu *C*); 2. die gleichzeitig von zwei Punkten ausgehende Bewegung gelangt zu beiden wieder zurück (die Bewegung von *B* zu *B* und gleichzeitig die von *C* zu *C*); 3. die von einem Punkt ausgehende Bewegung gelangt über den Bewegungsursprung zu einem anderen Punkt (die Bewegung von *B* zu *C* oder, wie wir hinzufügen dürfen, die von *C* zu *B*).

22,36–42 (b 36–704 a 2) Auf die Tatsache, daß das Zustandekommen bzw. Nichtzustandekommen von Bewegungen von bestimmten körperlichen

Dispositionen abhängig ist, hatte Ar. auch schon im Zusammenhang mit den willkürlichen Bewegungen hingewiesen (s. oben Kap. 8, 702 a 10–15; vgl. auch De an. I 1, 403 a 19–25).

23,1–5 (704 a 3–b 3) Die Verweise gehen auf De part. anim., De an., De sens., De somn., De mem., die vorliegende Abhandlung und die Schrift De gen. anim., die als einzige noch ausstehende Untersuchung avisiert wird.

TEIL III

ÜBER DIE FORTBEWEGUNG DER LEBEWESEN

1. Was aber die (Körper)teile betrifft, die den Lebewesen zur | Ortsbewegung dienen, so ist zu untersuchen, aus welchem Grunde jeder einzelne von ihnen die entsprechende Beschaffenheit hat und weswegen die Lebewesen sie haben, ferner aber (sind Untersuchungen anzustellen) über die Unterschiede, welche die Teile sowohl von ein und demselben Lebewesen im Vergleich miteinander als auch im Vergleich mit denen der anderen Lebewesen aufweisen, die der Gattung nach verschieden sind. Zunächst aber wollen wir feststellen, wie viele Fragen zu untersuchen sind. | Die erste Frage lautet aber: welches ist die kleinste Zahl von Punkten, mit deren Hilfe sich die Lebewesen bewegen; dann (ist zu fragen): warum (bewegen sich) die blutführenden Tiere mit Hilfe von vier, die blutlosen dagegen mit einer größeren Anzahl von Punkten, und allgemein, aus welchem Grunde haben einige Tiere keine Füße, andere zwei Füße, wieder andere vier und noch wieder andere viele Füße, und aus welchem Grund haben alle diejenigen von ihnen, die Füße haben, Füße in gerader Zahl, | und generell, (warum) machen die Punkte, mit denen sie sich bewegen, eine gerade Zahl aus; weitere Fragen sind aber: aus welchem Grunde haben der Mensch und der Vogel zwei Füße, die Fische dagegen keine; (warum) beugen der Mensch und der Vogel, obwohl sie (beide) zwei Füße haben, ihre Beine in entgegengesetzter Richtung – der Mensch beugt nämlich das Bein zu einer Wölbung, der | Vogel aber zu einer Höhlung. Und der Mensch seinerseits (beugt) die Beine und die Arme, auf seine eigene Person bezogen, in entgegengesetzter Richtung: denn die Arme beugt er zu einer Höhlung, die Knie aber zu einer Wölbung. Und die lebendgebärenden Vierfüßer beugen (die Beine) sowohl im Verhältnis zu den Menschen als auch auf sich selbst bezogen in entgegengesetzter Richtung: sie beugen nämlich die Vorderbeine zu einer | konvexen Wölbung und die Hinterbeine zu einer | Höhlung. Ferner aber beugen alle Vierfüßer, die nicht lebende Junge gebären, sondern Eier ablegen, (die Beine) in besonderer Weise, und zwar zur Seite –; außerdem aber, warum bewegen sich die Vierfüßer diagonal; was alle diese Gegebenheiten betrifft und alle anderen, die ihnen ähnlich sind, so sind die Ursachen dafür einer näheren Betrachtung zu unterziehen. Daß diese Gegebenheiten in dieser Weise auf|treten, wird aus der „Naturkunde" deutlich, weshalb sie aber (auftreten), das soll jetzt untersucht werden.

2. Den Ausgangspunkt der Untersuchung bilden aber die Grundsätze, die wir bei der Naturforschung oft anzuwenden pflegen, wobei wir die Erscheinungen erfaßt haben, die sich in allen Werken der Natur auf diese Weise verhalten. | Eine von diesen (Erscheinungen) ist aber die, daß die Natur nichts umsonst ins Werk setzt, sondern von dem, was möglich ist, immer das, was für das Wesen jeder einzelnen Tiergattung das beste ist; wenn daher etwas in einer bestimmten Weise besser ist, dann befindet es sich so auch in Übereinstimmung mit der Natur. Weiterhin muß man im Hinblick auf die Größenausdehnungen festhalten, in welcher Zahl und in welcher Qualität sie bei Dingen welcher Art vorhanden sind. Denn es gibt zwar sechs Ausdehnungen, | aber drei Paare, das eine ist das Oben und das Unten, das zweite das Vorn und das Hinten und das dritte das Rechts und das Links. Außerdem aber (muß man festhalten), daß Stoßen und Ziehen die Grundformen der Ortsbewegungen sind. Diese sind nun an sich da, zufällig aber
705 a bewegt sich das, was von etwas anderem transportiert wird; | denn das, was von irgend etwas anderem transportiert wird, scheint sich nicht selbst zu bewegen, sondern von etwas anderem bewegt zu werden.

3. Nachdem aber diese Feststellungen getroffen worden sind, wollen wir die sich daran anschließenden Probleme behandeln. Von allen Lebewesen nun, die eine Ortsveränderung vornehmen, führen die einen | diese Veränderung mit dem ganzen Körper auf einmal aus, wie diejenigen, die springen, die anderen aber mit (bestimmten Körper)teilen, wie jedes einzelne von denen, die gehen. Bei diesen beiden Arten der (Orts)veränderung nimmt aber das Lebewesen, das sich bewegt, die Veränderung vor, indem es sich auf das stützt, was sich unter ihm befindet. Deshalb kann sich, wenn dies einerseits zu schnell entgleitet, als daß | das, was seine Bewegung darauf ausführt, sich abstützen kann, und wenn es andererseits denen, die sich bewegen, überhaupt keinen Halt bietet, nichts darauf in Bewegung setzen. Denn auch das Lebewesen, das springt, führt den Sprung aus, indem es sich sowohl auf seine eigene obere Körperpartie als auch auf das stützt, was sich unter seinen Füßen befindet. Die (Körper)teile finden nämlich in den Gelenken aneinander einen gewissen Halt, | und überhaupt (findet) das, was einen Druck ausübt, (einen Halt) an dem, was dem Druck ausgesetzt ist. Deshalb springen auch die Fünfkämpfer weiter, wenn sie Hanteln in den Händen halten, als wenn sie (sie) nicht in den

Händen halten, und die Läufer laufen schneller, wenn sie die Arme an den Seiten bewegen; denn durch die Anspannung (der Arme) erfolgt ein gewisses Aufstützen auf die Hände und die Handgelenke. Immer aber nimmt das, was sich bewegt, | die (Orts)veränderung vor, indem es mindestens zwei organische Teile benutzt, den einen gewissermaßen als den, der einen Druck ausübt, und den anderen als den, der einem Druck ausgesetzt ist. Denn der Teil, der unbewegt bleibt, wird einem Druck ausgesetzt, weil er (das Gewicht) trägt, der Teil aber, der in die Höhe gehoben wird, wird von dem Teil angespannt, der die Last trägt. Deshalb ist nichts, was keine Teile aufweist, imstande, sich auf diese Weise zu bewegen; denn es enthält in sich nicht die Möglichkeit, das, was eine Einwirkung erfährt, und das, was | (etwas) bewirkt, (voneinander) zu trennen.

4. Was aber die Tatsache betrifft, daß die Ausdehnungen, durch welche die Lebewesen von Natur aus ihre äußere Begrenzung finden, der Zahl nach sechs sind, nämlich das Oben und Unten, das Vorn und das Hinten, weiterhin das Rechts und das Links, so haben alle lebenden Wesen einen oberen und einen unteren Teil. Denn nicht nur | bei den Tieren gibt es das Oben und Unten, sondern auch bei den Pflanzen. Sie sind aber durch die Funktion (voneinander) geschieden und nicht nur durch die Lage im Verhältnis zur Erde und zum Himmel. Von wo aus nämlich bei jedem einzelnen von den lebenden Wesen die Verteilung der Nahrung und das Wachstum erfolgen, das ist oben; der Teil aber, zu dem | dies zuletzt gelangt, ist unten. Denn das eine ist ein Anfang, das andere aber ein Ende; das Oben ist aber ein Anfang. Und doch könnte es scheinen, daß bei den Pflanzen der untere Teil der wesentlichere ist; bei ihnen haben nämlich das Oben und Unten nicht die gleiche Lage wie bei den Tieren. Sie haben nun zwar | in bezug auf das All nicht die gleiche Lage, hinsichtlich der Funktion verhalten sie sich dagegen ähnlich. Denn die Wurzeln bilden bei den Pflanzen den oberen Teil; von dort wird nämlich die Nahrung an die dem Wachstum unterworfenen Partien verteilt, und sie nehmen sie mit den Wurzeln auf, wie es die Tiere mit dem Mund tun.

Bei allen denjenigen Wesen aber, die nicht nur Leben haben, sondern auch Lebewesen sind, gibt es das Vorn | und das Hinten. Denn sie alle verfügen über Sinneswahrnehmung, und mit ihr lassen sich das Hinten und das Vorn bestimmen: die Seite nämlich, auf die die Sinneswahrnehmung natürlicherweise gerichtet ist und von der sie zu jedem einzelnen Lebewesen gelangt, diese Körperpartien sind vorn, die ihnen entgegengesetzten dagegen hinten. Bei allen den Lebewesen aber, die nicht nur an der Sinneswahrnehmung teilhaben, sondern | aus sich selbst heraus eine Ortsveränderung vornehmen können, sind außer den genannten (Dimensionen) auf die gleiche Weise wie bei den zuvor erwähnten auch das Links und das Rechts bestimmt, indem jedes von ihnen beiden durch eine bestimmte Funktion und nicht durch die Lage bestimmt ist: denn die Seite des Körpers, auf der von Natur aus sich der Ausgangspunkt der Ortsveränderung befindet, das | ist bei jedem einzelnen Lebewesen rechts, das aber, was gegenüberliegt und dessen Natur es ist, diesem zu folgen, (das) ist links. Diese Erscheinung ist aber bei einigen Tieren stärker ausgeprägt als bei den anderen. Denn bei allen solchen Tieren, welche die erwähnte Veränderung unter Verwendung organischer Teile ausführen – ich meine aber (unter Verwendung) zum Beispiel von Füßen, Flügeln oder einem anderen entsprechenden Organ –, ist die genannte Erscheinung stärker aus|geprägt; was dagegen alle die Tiere betrifft, welche (die Ortsveränderung) nicht mit Hilfe solcher (Körper)teile (vornehmen), sondern sich vorwärts bewegen, indem sie mit dem Körper selbst jeweils die Trennung vollziehen, wie einige von den Tieren, die keine Füße haben, zum Beispiel die Schlangen und die Gattung der Raupen, und außerdem die Tiere, die man als Erddärme bezeichnet, so ist zwar auch bei diesen (Tieren) die genannte Erscheinung gegeben, sie tritt allerdings nicht in gleicher Weise deutlich zutage.

Daß | sich aber der Ausgangspunkt der Bewegung auf der rechten Seite befindet, dafür ist auch die Tatsache ein Beweis, daß alle Menschen die Lasten auf der linken Seite tragen; denn so kann sich das, was (die Last) trägt, bewegen, da das, was in Bewegung setzen soll, unbelastet ist. Deshalb hüpft man auch mit einem Bein müheloser auf der linken Seite; denn | es entspricht der Natur, daß die rechte Seite bewegt und die linke bewegt wird; die Last darf daher auch nicht auf der Seite aufliegen, die bewegen soll, sondern muß auf der Seite ruhen, die bewegt werden soll; wenn sie aber auf die Seite, die bewegt, das heißt auf den Ausgangspunkt der Bewegung, gelegt wurde, wird entweder überhaupt keine Bewegung stattfinden, oder sie wird mit größeren Schwierigkeiten verbunden sein. Ein Be|weis (dafür), daß der Anfang der Bewegung von der rechten Seite ausgeht, sind auch die Schutzhaltungen: denn alle strecken die linke Seite zum Schutz vor, und wenn sie stehen, haben sie eher die linke Seite vorgestreckt, wenn es nicht zufällig geschieht. Sie werden nämlich nicht von der vorstehenden (Körper)partie bewegt, sondern von der, die abgewendet ist; auch verteidigen sie sich mit der rechten Seite. Aus diesem | Grunde ist aber auch die rechte Seite bei allen Lebewesen dieselbe. Denn das, wo sich der Ausgangspunkt der Bewegung befindet, ist bei allen dasselbe, und es liegt (bei allen) von Natur aus an derselben Stelle: es ist aber rechts, wo sich der Ausgangspunkt der Bewegung befindet. Und deshalb sind auch die zu den Schaltieren gehörenden Schnecken mit gewundenen Schneckenhäusern alle nach rechts orientiert. Sie bewegen sich nämlich nicht im Sinne der Spirale, sondern | bewegen sich alle in entgegengesetzter Richtung vorwärts, zum Beispiel die Purpurschnecken und die Trompetenschnecken. Wenn nun alle Lebewesen von der rechten Seite aus in Bewegung gesetzt werden und wenn jene sich aus sich selbst heraus in derselben Richtung bewegen, besteht die Notwendigkeit, daß alle in gleicher Weise nach rechts orientiert sind. Unter den Lebewesen sind es aber vor allem die Menschen, bei denen sich die linke Seite verselbständigt hat, (und zwar deswegen,) weil sie sich von den Lebewesen am meisten in Übereinstimmung mit der Natur befinden; | die rechte Seite ist aber als die von Natur bessere von der linken abgesondert. Deshalb ist auch die rechte Seite bei den Menschen besonders geschickt. Da aber die rechte Seite differenziert ist, hat es seinen guten Grund, daß die linke Seite unbeweglicher und bei ihnen in besonders starkem Maße verselbständigt ist. Aber auch die anderen Ausgangspunkte, das Oben und das Vorn, sind beim Menschen am meisten der Natur angepaßt und besonders dif|ferenziert.

5. Alle die Lebewesen nun, bei denen das Oben und das Vorn differenziert sind, wie bei den Menschen und den Vögeln, haben zwei Füße – von den vier Punkten sind zwei bei den einen die Flügel und bei den anderen die Hände und Arme –, alle die Tiere dagegen, bei denen das | Vorn und das Oben in dieselbe Richtung weisen, haben vier Füße, viele Füße beziehungsweise keine Füße. Als Fuß bezeichne ich nämlich den Teil, der für die Ortsbewegung als (Stütz)punkt auf dem Erdboden dient; denn die Füße (*πόδες*) scheinen ihren Namen von dem Wort Erdboden (*πέδον*) bekommen zu haben. Bei einigen Tieren weisen aber das Vorn und | das Hinten in dieselbe Richtung, zum Beispiel bei den Weichtieren und bei den zu den Schaltieren gehörenden Schnecken mit gewundenen Schneckenhäusern; über sie ist aber früher an anderer Stelle gesprochen worden.

Da es nun drei Regionen gibt, das Oben, die Mitte und das Unten, haben die Tiere mit zwei Füßen das Oben auf das Oben des Alls gerichtet, die Tiere mit vielen | Füßen oder ohne Füße auf die Mitte und die Pflanzen auf das Unten. Ursache (hierfür) ist aber, daß die Pflanzen unbeweglich sind, das Oben auf die Nahrung gerichtet ist und die Nahrung (für sie) aus der Erde kommt. Die Vierfüßer, die Tiere mit vielen Füßen und die Tiere ohne Füße (haben das Oben) auf die Mitte (gerichtet, und zwar deswegen), weil sie keine aufrechte Haltung haben, die Lebewesen mit zwei Füßen aber auf das Oben, weil sie eine aufrechte Haltung haben, be|sonders aber der Mensch; denn er ist das am meisten der Natur entsprechende Lebewesen mit zwei

Füßen. Mit gutem Grund befinden sich aber auch die Ausgangspunkte in diesen (Körper)teilen; denn der Ausgangspunkt ist etwas Wertvolles, das Oben ist aber wertvoller als das Unten, das Vorn als das Hinten und das Rechts als das Links. Mit Recht kann man aber die Behauptung in bezug auf sie auch umkehren, nämlich daß | diese (Körper)teile deswegen, weil sich die Ausgangspunkte in ihnen befinden, wertvoller sind als die gegenüberliegenden.

6. Daß sich nun der Ausgangspunkt der Bewegung auf der rechten Seite befindet, ist aus dem Gesagten ersichtlich. Da aber die Notwendigkeit besteht, daß, wenn sich ein zusammenhängendes Ganzes, von dem sich ein Teil bewegt und der andere im Zustand der Ruhe befindet, in seiner Gesamtheit bewegen kann, | während der eine Teil stillsteht, insofern als beide entgegengesetzte Bewegungen ausführen, ein gemeinsamer Punkt vorhanden ist, an dem diese (Teile) untereinander zusammenhängen, und daß sich dort der Ausgangspunkt für die Bewegung jedes der beiden Teile befindet, ebenso aber auch für das Stillstehen, ist es klar, daß alle diese (Teile) allen er|wähnten Gegensätzen entsprechend, auf Grund deren es für jeden der beiden gegenüberliegenden Teile eine besondere Bewegung gibt, an der Stelle einen gemeinsamen Ausgangspunkt (der Bewegung) haben, an der die genannten Teile zusammengewachsen sind, ich meine aber die rechten und die linken Teile, die oberen und unteren Teile sowie die vorderen und die hinteren Teile.

Im Hinblick auf das Vorn und Hinten gibt es bei dem, was sich selbst bewegt, keine solche Trennung, weil es bei kei|nem Lebewesen eine natürliche Bewegung nach hinten gibt und das Lebewesen, das sich bewegt, keine Unterscheidung trifft, auf Grund deren es die Ortsveränderung in eine von diesen beiden Richtungen vornimmt; im Hinblick auf das Rechts und Links und das Oben und das Unten gibt es sie aber. Deshalb sind alle diejenigen Lebewesen, die | sich unter Verwendung organischer Teile vorwärts bewegen, zwar nicht durch die Unterscheidung von Vorn und Hinten differenziert, aber durch die übrigen (Unterscheidungen), und zwar durch beide, zunächst durch diejenige, die in bezug auf das Rechts und Links abgrenzt, weil diese bei zwei Teilen mit Notwendigkeit sofort | gegeben ist, die andere aber zum erstenmal bei vier Teilen.

Da nun das Oben und das Unten sowie das Rechts und Links durch denselben gemeinsamen Ausgangspunkt miteinander verbunden sind – ich meine damit aber den für die Bewegung maßgebenden Ausgangspunkt –, es aber notwendig ist, daß in jedem (Lebewesen), das die von jedem einzelnen (Teil) ausgehende Bewegung in angemessener Weise ausführen will, die Ursache für alle genannten Bewegungen irgendwie abgegrenzt | und einer bestimmten Ordnung unterworfen ist durch den jeweiligen Abstand zu den erwähnten Ausgangspunkten, sowohl (zu) denen von den (Ausgangspunkten) in diesen Teilen, die parallel, als auch (zu) denen von ihnen, die in einer Reihe angeordnet sind – diese Ursache ist aber der den Teilen im Lebewesen gemeinsame Ausgangspunkt, von dem einerseits die Bewegung des Rechts und Links ausgeht und ebenso auch die des Oben | und Unten –, und daß sich dieser Ausgangspunkt (folglich) in jedem einzelnen Lebewesen dort befindet, wo es sich zu jedem einzelnen Ausgangspunkt in den genannten Teilen ähnlich verhält, (**7.**) ist es nun klar, daß die Ortsbewegung allein oder vor allem bei den Lebewesen vorhanden ist, die die Ortsveränderung mit zwei oder vier Punkten ausführen. Da diese Erscheinung fast zumeist nur bei den blutführenden Tieren | auftritt, ist es also deutlich, daß einerseits keines von den blutführenden Tieren imstande ist, sich mit mehr als vier Punkten zu bewegen, und daß andererseits, wenn sich irgendein Tier von Natur aus nur mit vier Punkten bewegt, dies notwendigerweise ein blutführendes Tier sein muß.

Mit den (von uns) getroffenen Feststellungen stimmen aber auch die Gegebenheiten bei den Tieren überein. Denn keines von den blutführenden Tieren kann, wenn es in mehrere Teile | zerlegt wird, sozusagen (auch nur) einen Moment leben und kann nicht an der Ortsbewegung teilhaben, die es ausführt, wenn es ein Kontinuum darstellt und nicht geteilt ist; von den blutlosen Tieren mit vielen Füßen dagegen können einige, wenn sie geteilt sind, in jedem einzelnen Teil eine lange Zeit hindurch leben und sich auf dieselbe Weise bewegen, wie sie es auch taten, bevor sie zer|teilt wurden, zum Beispiel die sogenannten Skolopender und andere langgestreckte Insekten; denn bei allen diesen Tieren | führt auch der hintere Teil die Fortbewegung in derselben Richtung aus wie der vordere. Ursache dafür, daß diese Tiere leben, wenn sie zerteilt werden, ist aber, daß jedes einzelne von ihnen eine solche Struktur aufweist, als ob es ein aus vielen Tieren zusammengesetztes Kontinuum wäre. Aus dem zuvor Gesagten wird aber (auch) der Grund deutlich, | warum sie sich auf diese Weise verhalten. Denn mit zwei oder vier Punkten bewegen sich von Natur aus die Tiere, die in besonderem Maße eine der Natur entsprechende Struktur aufweisen, ebenso aber auch alle die blutführenden Tiere, die keine Füße haben. Denn auch diese bewegen sich mit vier Punkten, mit deren Hilfe sie ihre Bewegung ausführen. Sie bewegen sich nämlich vorwärts, indem sie zwei Krümmungen vornehmen: denn | das Vorn und Hinten erweist sich bei ihnen bei jeder der beiden Krümmungen in der Breite als das Rechts und Links, in dem Teil zum Kopf hin ist der vordere Punkt sowohl rechts als auch links, und in dem Teil zum Schwanz hin sind es die hinteren Punkte. Sie scheinen sich aber (nur) mit zwei Punkten zu bewegen, durch die Berührung vorn und durch die weiter hinten. | Ursache (hierfür) ist aber, daß sie in der Breite schmal sind; dennoch, auch bei ihnen hat das Rechts die Führung und überträgt (die Bewegung) entsprechend auf den hinteren Teil, wie es bei den Vierfüßern der Fall ist. Für die Krümmungen ist aber ihre Länge die Ursache; denn ebenso wie die großen Menschen in gebeugter Haltung gehen, und zwar indem ihre rechte Schulter nach vorn gerichtet ist – die linke Hüfte neigt sich nämlich | mehr nach hinten, und die mittlere Partie (des Körpers) wölbt sich nach innen und nimmt eine gebeugte Haltung ein –, so muß man auch in bezug auf die Schlangen annehmen, daß sie, wenn sie sich auf dem Erdboden bewegen, eine gebeugte Haltung einnehmen. Es gibt aber einen Beweis (dafür), daß sie sich ebenso bewegen wie die Vierfüßer: denn sie vertauschen abwechselnd Höhlung und Wölbung. Wenn nämlich der linke Punkt seinerseits die vorderen Partien anführt, | entsteht umgekehrt die Höhlung auf der entgegengesetzten Seite; denn der rechte Punkt wiederum befindet sich innen. Der vordere rechte Punkt soll *A* sein, der linke *B*, der hintere linke *C* und der rechte *D*.

So bewegen sich von den Landtieren aber die Schlangen und von den Wassertieren die Aale, die Meeraale, die Muränen und von den anderen Tieren alle diejenigen, die eine | schlangenartige Gestalt haben. Außerdem haben einige von solchen Wassertieren keine Flosse, zum
708 a Beispiel die Muränen, sondern sie bedienen sich des | Meeres, wie die Schlangen es mit dem Erdboden und dem Meer tun – denn die Schlangen schwimmen auf die gleiche Weise, wie wenn sie sich auf dem Erdboden bewegen –; andere aber haben nur zwei Flossen, zum Beispiel die Meeraale, die Aale und eine Gattung der Meeräschen, die in dem See | bei Siphai vorkommen. Und deshalb bewegen sich die Tiere, die gewohnt sind, auf dem Lande zu leben, wie die Gattung der Aale, im Wasser mit weniger Krümmungen als auf dem Erdboden. Diejenigen aber von den Meeräschen, die zwei Flossen haben, gleichen die vier Punkte im Wasser dadurch aus, daß sie sich krümmen.

8. Bei den Schlangen besteht aber die Ursache dafür, daß sie keine Füße haben, einmal in der Tatsache, daß die Natur | nichts umsonst schafft, sondern alle Dinge tut, indem sie bei jedem einzelnen auf die beste der vorhandenen Möglichkeiten sieht, wobei sie das besondere Wesen jedes einzelnen und das ihm zukommende begriffliche Sein bewahrt; ferner (besteht sie) aber auch in dem, was zuvor von uns gesagt worden ist, (nämlich) daß kein blutführendes Tier imstande ist, sich mit mehr als vier Punkten zu bewegen. Denn daraus wird ersichtlich, daß von | allen denjenigen blutführenden Tieren, die in der Länge eine Disproportion zum übrigen Körperbau aufweisen, wie die Schlangen, keines Füße haben kann. Sie können nämlich nicht mehr als vier Füße haben – denn (sonst) gehörten sie zu den blutlosen Tieren –, wenn sie aber zwei oder vier Füße hätten, wären sie nahezu völlig unbeweglich; unter diesen Voraussetzungen | wäre ihre Bewegung notwendigerweise langsam und nutzlos.

Aber jedes Tier mit Füßen hat diese mit Notwendigkeit in gerader Zahl; denn alle diejenigen, die die Ortsbewegung nur durch Springen bewerkstelligen, brauchen keine Füße, wenigstens nicht für eine solche Bewegung; was aber alle diejenigen betrifft, die zwar springen, für die aber | diese Bewegung(sart) nicht ausreicht, sondern die außerdem auch noch gehen müssen, so ist es klar, daß das Gehen mit Füßen in gerader Zahl sich besser bewerkstelligen läßt, mit Füßen in ungerader Zahl dagegen völlig unmöglich ist. [Deshalb muß jedes Lebewesen Füße in gerader Zahl haben.] Denn da eine solche Veränderung partiell erfolgt, aber nicht mit dem ganzen Körper auf einmal, wie das Springen, ist es notwendig, | daß das Lebewesen während der von den Füßen ausgeführten (Orts)veränderung mit den einen unbewegt bleibt, sich aber mit den anderen bewegt und daß es sowohl das eine wie das andere jeweils mit den gegenüberliegenden (Füßen) tut, wobei es das Gewicht von den sich bewegenden auf die unbewegt bleibenden Teile verlagert. Deshalb | kann ein Lebewesen weder mit drei (Füßen) noch 708 b mit einem (Fuß) gehen; denn in dem einen Fall hat es überhaupt keine Stütze, auf die es das Gewicht seines Körpers verlagern kann, und in dem anderen (findet es sie) nur in dem einen der beiden Gegensatzpaare, so daß es, wenn es sich so zu bewegen versucht, notwendigerweise hinfällt. Was aber alle die Tiere betrifft, die viele Füße | haben, zum Beispiel die Skolopender, so ist es bei ihnen möglich, daß die Fortbewegung auch mit einer ungeraden Zahl von Füßen erfolgt, wie sie sie offensichtlich sogar in dem Augenblick vornehmen, wenn man einen ihrer Füße beschädigt, weil die Verstümmelung der parallel angeordneten Füße durch die übrige Menge der auf jeder der beiden Seiten vorhandenen Füße kompensiert wird; denn bei diesen Tieren erfolgt gewissermaßen | ein Nachziehen des verstümmelten (Körper)teils durch die übrigen[, aber nicht ein Gehen]. Indessen ist es klar, daß auch diese Tiere die (Orts)veränderung besser bewerkstelligen könnten, wenn sie eine gerade Zahl von Füßen hätten, das heißt, wenn kein Fuß fehlte, sie die Füße vielmehr parallel angeordnet hätten; denn so könnten sie ihr eigenes Gewicht gleichmäßig verteilen und brauchten nicht | stärker zu der einen Seite hin zu neigen, (nämlich) wenn sie parallel angeordnete Stützpunkte hätten und bei ihnen nicht die eine Stelle von den beiden sich gegenüberliegenden (Fußreihen) leer wäre. Wenn sich ein Lebewesen fortbewegt, geht es abwechselnd mit jedem von beiden Gliedern vorwärts; denn so findet eine Wiederherstellung derselben Position statt, wie sie ursprünglich war. | Daß nun alle Lebewesen Füße in gerader Zahl haben und aus welchem Grunde (dies so ist), ist dargelegt worden.

9. Daß es aber, wenn sich nichts im Zustand der Ruhe befände, kein Beugen und kein Strecken gäbe, wird aus folgenden Überlegungen deutlich. Das Beugen besteht nämlich in der Veränderung aus einer Geraden in eine Wölbung oder in einen Winkel und das Strecken in der (Veränderung) aus einer von diesen beiden (Haltungen) in die Gerade. Bei allen | genannten Veränderungen besteht aber die Notwendigkeit, daß das Beugen oder das Strecken in bezug auf einen einzigen Punkt erfolgt. Doch gäbe es ohne Beugen weder Gehen noch Schwimmen noch Fliegen. Denn da die Tiere, die Füße haben, abwechselnd auf jedem der beiden gegenüberliegenden Beine stehen und ihr Gewicht entsprechend verlagern, ist es notwendig, daß sie, wenn das eine vorgeht, | mit dem anderen eine Beugung ausführen. Denn einerseits haben die parallel angeordneten Gliedmaßen von Natur aus die gleiche Länge, und andererseits muß das Bein, welches das Gewicht trägt, gerade sein, gewissermaßen senkrecht zum Erdboden. Wenn es aber vorgeht, | entsteht die Linie, welche die Hypotenuse bildet, deren Quadrat gleich ist dem Quadrat über der unbewegt bleibenden Größe und dem über der den Zwischenraum beschreibenden Linie. Da aber die Gliedmaßen gleich (lang) sind, ist es erforderlich, das Bein, das unbewegt bleibt, zu beugen, entweder im Knie oder in dem Gelenk, wie (es der Fall ist,) wenn ein Tier von denen, die gehen, keine Knie hat. Es gibt aber einen Beweis, daß es sich so verhält: denn wenn | jemand auf dem Erdboden an einer Wand entlang ginge, wird die entstehende Linie nicht gerade, sondern gekrümmt sein, weil der Abstand der Linie (vom Erdboden) geringer wird, wenn er (jeweils ein Bein) beugt, und größer, wenn er steht und sich aufrichtet.

Es ist jedoch möglich, sich zu bewegen, auch wenn das Bein keine Beuge aufweist, (und zwar so,) wie die Kinder kriechen. Auch im Hinblick auf die Elefanten | gab es eine alte Erzählung von dieser Art, obwohl sie nicht der Wahrheit entspricht. Aber auch solche Tiere bewegen sich, indem eine Beugung stattfindet, (nämlich) in den Schulterblättern oder den Hüften. Aber in aufrechter Haltung könnte sich wohl keines (von ihnen) kontinuierlich und sicher fortbewegen, es würde sich vielmehr (so) bewegen wie zum Beispiel in den Sportstätten diejenigen, die sich auf den Knien durch den Staub vorwärts bewegen; denn der obere Teil (des Körpers) hat einen großen Umfang, | so daß

die (untere) Extremität lang sein muß; wenn dies aber der Fall ist, muß eine Beugung stattfinden. Denn da das Lebewesen im rechten Winkel (zum Erdboden) steht, wird es, wenn es während der Bewegung nach vorn ohne Beugung ist, entweder hinfallen, wenn der rechte Winkel kleiner wird, oder es wird sich nicht vorwärts bewegen. Denn wenn das eine Bein vorgegangen ist, während das andere aufrecht stehenbleibt, wird jenes länger sein, obwohl es gleich (lang) ist; denn das Quadrat über diesem (Bein) wird gleich sein dem Quadrat über
dem sich im Zustand der Ruhe befindenden (Bein) und | dem über der 20
Linie, die sich unten (zwischen den beiden Beinen) erstreckt. Es ist also notwendig, daß sich das Lebewesen beim Vorwärtsgehen beugt und daß es, wenn es (mit dem einen Bein) eine Beugung ausgeführt hat, gleichzeitig das andere ausstreckt, sich (nach vorn) neigt, die Beine gespreizt hat und in der Senkrechten bleibt; denn die Gliedmaßen bilden ein gleichschenkliges Dreieck, und der Kopf befindet sich in einer tieferen Lage, wenn der Körper eine senkrechte Linie zu der Linie bildet, auf der das Lebewesen den Schritt gemacht hat.

Die Tiere ohne Füße bewegen sich aber zum Teil in Wellenlinien |
vorwärts – dies geschieht aber auf zweierlei Weise: denn die einen, 25
wie zum Beispiel die Schlangen, führen die Krümmungen auf dem Erdboden aus, die anderen aber nach oben, wie zum Beispiel die Raupen –, die Bewegung in Wellenlinien besteht aber im Sich-Krümmen; die anderen dagegen (bewegen sich) durch spiralförmige Kontraktion (vorwärts), wie die sogenannten Erddärme und Blutegel. Denn diese bewegen sich mit dem Teil vorwärts, der die Führung hat, |
den ganzen übrigen Körper aber ziehen sie an diesen heran, und auf 30
diese Weise bewegen sie sich von einer Stelle zur anderen. Es ist aber deutlich, daß sich diejenigen von den Tieren, die sich in Wellenlinien vorwärts bewegen, wohl nicht bewegen könnten, wenn nicht die zwei
Linien größer wären als die eine. | Denn wenn die Krümmung, nach- 709 b
dem sie ausgestreckt worden ist, eine Linie von gleicher Länge ergäbe, würden sie wohl in keiner Weise vorankommen; in Wirklichkeit gelangt aber die Krümmung, wenn sie ausgestreckt ist, über (die ursprüngliche Linie) hinaus, und wenn dieser Teil zum Stillstand gekommen ist, ziehen sie den Rest (des Körpers) heran.

Bei allen genannten (Orts)veränderungen kommt das, was sich
bewegt, voran, indem es sich bald | in gerader Linie ausstreckt, bald 5
aber zusammenkrümmt, wobei es sich mit seinen führenden Teilen gerade richtet und sich mit den (ihnen) folgenden zusammenkrümmt. Aber auch alle Tiere, die springen, führen die Beugung mit dem zuunterst liegenden Teil des Körpers aus, und indem sie sich auf diese Weise verhalten, springen sie. Was aber diejenigen Tiere betrifft, die

fliegen, und diejenigen, die schwimmen, so fliegen die | einen, indem sie ihre Flügel strecken und krümmen, die anderen aber (schwimmen) mit Hilfe ihrer Flossen, und zwar die einen von ihnen mit Hilfe von vier und die anderen mit Hilfe von zwei (Flossen), (mit Hilfe von zwei Flossen) alle diejenigen, die eine mehr längliche Form haben, wie die Gattung der Aale; was aber die übrige Bewegung betrifft, so schwimmen sie, indem sie sich als Ersatz für die beiden (fehlenden) Flossen mit dem übrigen Körper krümmen, wie zuvor gesagt worden ist. | Die breiten Fische dagegen benutzen einerseits die Breite ihres Körpers anstelle von Flossen und andererseits zwei Flossen. Diejenigen aber, die ganz breit sind, wie der Rochen, bewerkstelligen das Schwimmen allein [mit den Flossen und] mit den äußersten Rundungen ihres Körpers, indem sie (sie) strecken und krümmen. |

10. Es könnte aber vielleicht jemand fragen, wie sich die Vögel, sei es beim Fliegen oder beim Gehen, mit vier Punkten bewegen, da doch gesagt worden ist, daß sich alle blutführenden Tiere mit vier (Punkten) bewegen. Das ist aber nicht gesagt worden, sondern (nur), daß sie (sich) nicht mit mehr (als vier Punkten bewegen). Indessen könnten sie wohl weder fliegen, wenn ihre Beine entfernt würden, noch gehen, wenn ihre Flügel | entfernt würden, kann doch auch der Mensch nicht gehen, ohne in gewissem Maße seine Schultern zu bewegen. Aber alle Lebewesen führen die (Orts)veränderung, wie gesagt worden ist, durch Beugen und Ausstrecken aus; denn alle bewegen sich auf dem Substrat bis zu einem gewissen Grade wie auf einer Substanz vorwärts, die nachgibt, so daß es notwendig ist, daß die Beugung, wenn sie schon nicht in einem anderen (Körper)teil stattfindet, | doch wenigstens dort erfolgt, wo sich bei den Tieren, deren Flügel aus einem Stück bestehen, und bei den Vögeln der Ausgangspunkt des jeweiligen Flügels befindet, bei den anderen Tieren aber der des entsprechenden (Körper)teils, wie bei den Fischen. Bei wieder anderen, wie bei den Schlangen, befindet sich der Ausgangspunkt der Beugung in den Beu|gen des Körpers. Der Schwanz ist bei den Flugtieren zur Steuerung ihres Fluges da, wie die Steuerruder bei den Schiffen. Es ist aber erforderlich, jeweils auch diesen an der Stelle, an der er angewachsen ist, zu beugen. Deshalb bewegen sich die Tiere, deren Flügel aus einem Stück bestehen, und diejenigen von den | Tieren mit gespaltenen Flügeln, bei denen der Schwanz von Natur nicht für die genannte Aufgabe geeignet ist, zum Beispiel bei den Pfauen, den Hähnen und allgemein bei den Vögeln, die nicht besonders geschickt sind zum Fliegen, nicht in gerader Richtung; denn von den Tieren, deren Flügel aus einem Stück bestehen, hat schlechthin keines einen Schwanz, so daß sie wie ein Schiff ohne Steuerruder dahintreiben und jedes einzelne von ihnen dort auftrifft, wo es sich gerade ergibt, das gilt eben|so für diejenigen, die Flügelscheiden haben, zum Beispiel für Pillendreher und für Maikäfer, wie für diejenigen, die keine Flügelscheiden haben, zum Beispiel für Bienen und Wespen. Und bei den Vögeln, die nicht besonders geschickt sind zum Fliegen, ist der Schwanz nutzlos, zum Beispiel bei den Porphyrionen, Reihern und allen Schwimmvögeln; aber sie fliegen, indem sie anstelle des Schwanzes die Füße ausspannen, und sie gebrauchen anstelle des | Schwanzes die Beine, um ihren Flug zu steuern. Der Flug der Tiere, deren Flügel aus einem Stück bestehen, ist aber langsam und schwach, weil die Natur ihrer Flügel nicht im richtigen Verhältnis zum Gewicht ihres Körpers steht, sondern das Gewicht beträchtlich ist, ihre Flügel aber klein und schwach sind. Wie wenn nun ein Lastschiff versuchte, mit Hilfe von Rudern | seine Fahrt zu bewerkstelligen, so bedienen sich diese Tiere des Fluges. Aber sowohl die Schwäche der Flügel selbst als auch die der Stelle, an der sie herauswachsen, trägt etwas zu dem geschilderten Tatbestand bei. Unter den Vögeln ist aber für den Pfau der Schwanz bald wegen seiner Größe unbrauchbar, bald aber nützt er nichts, weil er seine Federn verliert.

Die Vögel verhalten sich aber | im Hinblick auf die Natur ihrer Flügel entgegengesetzt zu den Tieren, deren Flügel aus einem Stück bestehen, besonders aber diejenigen von ihnen, die sehr schnell fliegen. Von solcher Art sind aber die Vögel mit gebogenen Krallen; die Schnelligkeit des Fluges ist nämlich für ihre Lebensweise von Nutzen. Aber auch die übrigen Teile des Körpers scheinen mit den Flügeln im Hinblick auf die rasche Bewegung übereinzustimmen: bei allen ist der Kopf klein | und der Hals nicht dick, die Brust aber ist kräftig und spitz, spitz, damit sie straff gespannt ist, wie wenn es sich um den Bug eines Schnellseglers handelte, und kräftig auf Grund der natürlichen Beschaffenheit des Fleisches, damit | sie die aufprallende Luft zurückstoßen kann und dies leicht und ohne Mühe vollbringt; die hinteren Teile dagegen sind leicht und laufen wieder zu einem schmalen Strich zusammen, damit sie den vorderen Teilen folgen, ohne infolge ihrer Breite die Luft mit fortzureißen. |

11. Unsere Festlegungen hinsichtlich dieser Probleme waren auf diese Weise zu treffen, daß es aber erforderlich ist, daß das Lebewesen, das aufrecht gehen soll, zwei Füße hat und daß bei ihm die oberen Teile des Körpers leichter, diejenigen aber, die sich unterhalb von diesen befinden, schwerer sind, ist klar; denn nur, wenn es so gebaut ist, dürfte es imstande sein, sich selbst mühelos zu tragen. Deshalb | sind von allen Lebewesen, die Füße haben, beim Menschen, der als einziges Lebewesen eine aufrechte Haltung hat, die Beine im Verhältnis zu den oberen Teilen des Körpers am längsten und am kräftigsten. Dies macht aber auch das Geschehen bei den Kindern klar: denn sie können deshalb nicht aufrecht gehen, weil sie alle einen Zwergwuchs aufweisen und bei ihnen die oberen Teile des Körpers zu groß und zu kräftig sind, als daß sie im richtigen Verhältnis zu den | unteren Teilen stünden. Bei fortschreitendem Alter wachsen aber die unteren Teile mehr, bis sie die ihnen zukommende Größe erlangt haben, und dann gehen sie mit ihren Körpern aufrecht.

Die Vögel aber, die leicht sind, haben deswegen zwei Füße, weil sich bei ihnen das Gewicht hinten befindet, wie man die Pferde aus Bronze | mit erhobenen Vorderbeinen herstellt. Die Ursache dafür, daß die Vögel mit zwei Füßen stehen können, besteht aber hauptsächlich darin, daß die Hüfte einem Oberschenkel ähnelt und so groß ist, daß sie den Anschein erwecken, als hätten sie zwei Oberschenkel, den einen im Bein vor dem Gelenk und den anderen vom Steiß ausgehend bis zu diesem Teil; er ist aber kein Oberschenkel, sondern eine Hüfte. Wenn sie nämlich nicht so | groß wäre, hätte der Vogel nicht zwei Füße. Denn wie bei den Menschen und bei den Tieren mit vier Füßen würden der Oberschenkel und das übrige Bein, ausgehend von der Hüfte, die kurz ist, eine gerade Linie bilden; unter diesen Umständen würde ihr ganzer Körper zu sehr vornübergeneigt sein. In Wirklichkeit erstreckt sich aber die Hüfte, da sie lang ist, bis mitten unter den Bauch, so daß die Beine, indem sie dort | eine Stütze bilden, den ganzen Körper tragen. Aus diesen Gegebenheiten wird aber auch ersichtlich, daß der Vogel nicht, wie der Mensch, eine aufrechte Haltung haben kann. Denn die Einrichtung der Flügel ist ihnen so, wie sie jetzt den Körper
711 a halten, | nützlich, wenn sie aber eine aufrechte Haltung hätten – wie man die Eroten auf Bildern mit Flügeln darstellt –, wären sie nutzlos für sie. Zugleich mit dem Gesagten wird nämlich deutlich, daß auch kein Mensch – und auch kein anderes Lebewesen mit einer entsprechenden Gestalt, wenn es ein solches gibt – Flügel haben kann, nicht nur, weil er sich (dann) als blutführendes Lebewesen mit mehr | als vier Punkten bewegen wird, sondern weil der Besitz von Flügeln für die Menschen, wenn sie sich naturgemäß bewegen, nutzlos ist; die Natur schafft aber nichts Widernatürliches.

12. Daß nun keines von den blutführenden und mit Füßen ausgestatteten Lebewesen imstande wäre, sich vorwärts zu bewegen, wenn keine Beugung in den Beinen oder in den Schulterblättern und Hüften erfolgte, | ist zuvor gesagt worden, (ebenso) auch, daß keine Beugung erfolgen könnte, wenn sich nichts im Zustand der Ruhe befände, daß die Menschen und die Vögel, obwohl die einen wie die anderen zwei Füße haben, ihre Gliedmaßen in entgegengesetzter Richtung beugen und (daß) ferner die Vierfüßer (ihre Gliedmaßen) sowohl im Vergleich mit sich selbst als auch im Vergleich mit den Menschen in entgegengesetzter Richtung (beugen). Denn die Menschen beugen die Ar|me zu einer Höhlung und die Beine zu einer Wölbung, die Vierfüßer aber die Vorderbeine zu einer Wölbung und die Hinterbeine zu einer Höhlung; ebenso aber auch die Vögel. Ursache (hierfür) ist aber, daß die Natur nichts umsonst schafft, wie zuvor gesagt wurde, sondern alles im Hinblick auf die beste der vorhandenen Möglichkeiten. | Da bei allen Lebewesen, bei denen die Ortsveränderung naturgemäß mit zwei Beinen erfolgt, dann, wenn (abwechselnd) jedes Bein steht, das Gewicht (jeweils) auf diesem ruht, es aber dann, wenn sie sich nach vorn bewegen, notwendig ist, daß der seiner Stellung nach führende Fuß unbelastet ist und daß sie bei kontinuierlicher Fortbewegung das Gewicht wiederum auf diesen verlagern, ist es klar, daß | das Bein, nachdem es gebeugt war, wieder gerade werden muß, während sowohl der Punkt in Gestalt des nach vorn gebrachten Fußes als auch der Unterschenkel unbewegt bleiben. Daß dies geschieht und daß zur gleichen Zeit das Lebewesen vorwärts geht, ist möglich, wenn sich das führende Bein nach vorn beugt, wenn es sich aber nach hinten beugt, ist es unmöglich. Denn im ersten Fall | wird das Ausstrecken des Beines erfolgen, nachdem sich der Körper nach vorn verlagert hat, im zweiten aber, nachdem er sich nach hinten verlagert hat. Ferner aber würde, wenn die Beugung nach hinten erfolgt, das Aufsetzen des Fußes mit Hilfe von zwei einander entgegengesetzten Bewegungen geschehen, | und zwar einer nach hinten und einer nach vorn gerichteten; denn beim Beugen des Beines wäre es erforderlich, daß man einerseits das äußerste Ende des Oberschenkels nach hinten führt und daß andererseits der Unterschenkel von dem Gelenk an den Fuß nach vorn bewegt; wenn die Beugung aber nach vorn | erfolgt, wird die geschilderte Fortbewegung nicht mit Hilfe von entgegengesetzten Bewegungen, sie wird mit Hilfe einer einzigen, der Bewegung nach vorn, stattfinden.

Da nun der Mensch zwei Füße hat und die Ortsveränderung naturgemäß mit den Beinen vornimmt, beugt er die Beine aus dem genannten Grund nach vorn, die Arme aber | verständlicherweise zu einer Höhlung: denn wenn sie in entgegengesetzter Richtung gebeugt würden, wären sie sowohl für den Gebrauch der Hände als auch für die Nahrungsaufnahme unbrauchbar. Die Vierfüßer aber, das heißt die lebendgebärenden (unter ihnen), beugen die Vorderbeine, da diese einerseits bei deren Fortbewegung die Führung haben und sie sich andererseits in dem vorderen Teil des Körpers befinden, mit Notwendigkeit | zu einer Wölbung, und zwar aus demselben Grunde wie die Menschen; denn in dieser Beziehung verhalten sie sich gleich. Deshalb beugen auch die Vierfüßer (die Vorderbeine) in der geschilderten Weise nach vorn. Denn wenn das Beugen der Beine tatsächlich auf diese Weise geschieht, dann werden sie ihre Füße sehr hoch heben können; wenn sie (sie) aber in entgegengesetzter Richtung beugten, | könnten sie sie wohl (nur) ein wenig vom Erdboden hochheben, weil sich der ganze Oberschenkel und das Gelenk, von dem der Unterschenkel ausgeht, unter dem Bauch befänden, wenn das Tier vorwärts geht. Wenn nun das Beugen der Hinterbeine nach vorn erfolgte, hätte es mit dem Hochheben der Füße die gleiche Bewandtnis wie bei den Vorderbeinen – denn es wäre | auch bei ihnen geringfügig, entsprechend dem Anheben der Beine, da sowohl der Oberschenkel als auch das Gelenk von beiden Beinen unter die Bauchgegend kämen –, wenn sie aber nach hinten (erfolgt), wie die Tiere (sie) auch tatsächlich beugen, ist ihnen bei der entsprechenden Bewegung der Füße im Hinblick auf die Fortbewegung nichts im Wege. Weiterhin ist es zumindest bei den Tieren unter ihnen, die die Jungen säugen, | auch im Hinblick auf diese Verrichtung notwendig oder doch wenigstens besser, daß ihre Beine auf diese Art gebeugt werden; denn es wäre nicht leicht, die Jungen unter sich zu haben und ihnen Schutz zu bieten, wenn sie die Beugung nach innen vornähmen. |

712 a **13.** Wenn es aber je nach Kombination vier Arten der Beugung gibt – denn es ist notwendig, entweder sowohl die Vorderbeine als auch die Hinterbeine zu einer Höhlung zu beugen, wie bei der Figur *A*, oder in entgegengesetzter Richtung zu einer Wölbung, wie bei der Figur *B*, oder im gegenläufigen Sinn, | das heißt, nicht in dieselbe Richtung, sondern die Vorderbeine zu einer Wölbung und die Hinterbeine zu einer Höhlung, wie bei der Figur *C*, oder entgegengesetzt dazu, nämlich die Wölbungen zueinander und die Höhlungen nach außen, wie es sich bei der Figur *D* darstellt –, so erfolgt die Beugung so, wie es sich bei der Figur *A* oder bei der Figur *B* darstellt, weder bei einem Lebewesen mit zwei Füßen noch bei einem | Vierfüßer, dagegen so wie bei der Figur *C* bei den Vierfüßern und so wie bei der Figur *D* zwar bei keinem Vierfüßer mit Ausnahme des Elefanten, dafür aber beim Menschen in bezug auf seine Arme und Beine; die Arme beugt er nämlich zu einer Höhlung und die Beine zu einer Wölbung. Immer aber weisen die Gliedmaßen bei den Menschen abwechselnd Beugungen in entgegengesetzter Richtung auf, zum Beispiel der Ellenbogen (eine Beugung) | zu einer Höhlung, das Handgelenk aber zu einer Wölbung und wiederum die Schulter zu einer Wölbung; ebenso (weist) aber auch bei den Beinen der Oberschenkel (eine Beugung) zu einer Höhlung (auf), das Knie dagegen (eine) zu einer Wöl-

bung und der Fuß umgekehrt (eine) zu einer Höhlung. Und was die unteren Teile im Vergleich mit den oberen betrifft, so ist es offensichtlich, daß sie in entgegengesetzter Richtung (gebeugt werden); denn der (jeweilige) Ausgangspunkt (der Bewegung wird) in entgegengesetzter Richtung (gebeugt), die | Schulter zu einer Wölbung, der Oberschenkel aber zu einer Höhlung; deshalb (wird) auch der Fuß zu einer Höhlung (gebeugt), das Handgelenk aber zu einer Wölbung.

14. Das Beugen der Beine gestaltet sich nun jeweils auf diese Weise, und zwar aus den genannten Gründen, die | Hinterbeine werden aber diagonal zu den Vorderbeinen bewegt; denn nach dem rechten Vorderbein bewegen die Tiere das linke Hinterbein, dann das linke Vorderbein und nach diesem das rechte Hinterbein. Ursache (hierfür) ist aber, daß das Gehen, wenn sie die Vorderbeine gleichzeitig und zuerst (bewegten), unterbrochen würde oder sich sogar als ein Vornüberschießen darstellte | und gewissermaßen mit dem Nachziehen der Hinterbeine erfolgte. Ferner wäre eine solche Bewegung kein Gehen, sondern ein Springen; es ist aber für die Tiere schwierig, springend eine kontinuierliche (Orts)veränderung zustande zu bringen. Hierfür gibt es aber einen Beweis: denn in der Tat werden selbst von den Pferden alle diejenigen rasch müde, die sich auf diese Weise bewegen, wie zum Beispiel die Pferde, die bei Schauveranstaltungen auftreten. Deswegen führen nun die Tiere die Bewegung nicht getrennt mit den Vorderbeinen beziehungsweise Hin|terbeinen aus. Wenn sie (sie) aber 712 b zuerst mit den beiden rechten (Beinen ausführten), wären sie ohne die (erforderlichen) Stützen und fielen hin. Wenn nun also die Notwendigkeit besteht, die Bewegung entweder auf eine von diesen (beiden) Arten oder diagonal auszuführen, es aber nicht möglich ist, | es auf eine von jenen (Arten) zu tun, dann müssen sie sich mit Notwendigkeit diagonal bewegen; denn wenn sie sich so bewegen, wie gesagt wurde, kann ihnen nichts von diesen Dingen zustoßen. Und deshalb stehen die Pferde und alle entsprechenden Tiere fest, wenn sie sich diagonal vorwärts bewegt haben und nicht gleichzeitig mit beiden rechten oder beiden linken (Beinen). Auf dieselbe Weise führen aber auch alle die Tiere | die Bewegung aus, die mehr als vier Beine haben; denn unter den vier hintereinanderfolgenden (Beinen) bewegen sich die Hinterbeine immer diagonal zu den Vorderbeinen; das wird deutlich bei den Tieren, die sich langsam bewegen. Auf dieselbe Weise bewegen sich aber auch die Krabben; sie gehören nämlich zu den Tieren mit vielen Füßen. Denn auch diese bewegen sich immer diagonal, | in welcher Richtung sie sich auch fortbewegen. Dieses Tier führt nämlich die Bewegung auf besondere Art aus: als einziges von den Tieren bewegt es sich nicht nach vorn, sondern in schräger Richtung. Aber da das Vorn durch die Augen bestimmt ist, hat die Natur es so eingerichtet, daß die Augen den Gliedmaßen folgen können: sie bewegen sich nämlich bei ihnen zur | Seite, so daß sich deshalb auch die Krabben in gewisser Weise nach vorn bewegen.

15. Die Vögel beugen aber ihre Beine wie die Vierfüßer. Denn ihre Natur weist in gewisser Beziehung Ähnlichkeiten auf: die Vögel haben nämlich Flügel anstelle der Vorderbeine. | Deshalb sind sie auch auf dieselbe Weise gebeugt wie die Vorderbeine bei den Vierfüßern, da bei den Vögeln, was die in der Fortbewegung bestehende Bewegung betrifft, der natürliche Ausgangspunkt für die (Orts)veränderung in den Flügeln liegt; die für sie eigentümliche Bewegung ist nämlich das Fliegen. Deshalb dürfte wohl kein Vogel stehen oder vorwärts gehen können, wenn die Flügel entfernt worden sind. | Da der Vogel ferner ein Tier mit zwei Füßen ist und keine aufrechte Haltung hat und da die vorderen Teile seines Körpers leichter sind, ist es im Hinblick auf die Fähigkeit zu stehen entweder notwendig oder besser, daß bei ihm der Oberschenkel so unter (dem Körper) seinen Platz hat, wie es tatsächlich der Fall ist, ich meine aber, daß er von Natur aus nach hinten verlagert ist. Wenn er indessen auf diese Weise placiert sein muß, besteht die Notwendigkeit, daß | sich das Bein zu einer Höhlung beugt, wie es bei den Vierfüßern für die Hinterbeine zutrifft, (und zwar) aus demselben Grund, den wir bei den lebendgebärenden Vierfüßern angeführt haben. Allgemein ist es aber, was die Flugtiere betrifft, sowohl in bezug auf die Vögel als auch in bezug auf die Tiere, deren Flügel aus einem Stück bestehen, und in bezug auf die Tiere, die im Wasser schwim|men, und zwar alle diejenigen von ihnen, die die Fortbewegung im Wasser mit Hilfe von Organen bewerkstelligen, nicht schwer, zu sehen, daß es besser ist, daß sich die Stellen, an denen die genannten Körperteile angewachsen sind, an der Seite befinden, wie es für sie sowohl bei den Vögeln als auch bei den Tieren, deren Flügel aus einem Stück bestehen, wirklich zuzutreffen scheint. Ebendasselbe trifft aber auch bei den Fischen zu; denn bei den Vögeln sind es die | Flügel und bei den Wassertieren die Flossen. [Die Flügel bei den Tieren aber, deren Flügel aus einem Stück bestehen, sind seitwärts angewachsen.] Denn auf diese Weise dürften sie wohl mit der größten Schnelligkeit und mit der größten Kraft die Luft beziehungsweise das Wasser zerteilen und die Bewegung ausführen; denn auch die hinteren Teile des Körpers dürften wohl nach vorn nachfolgen, | wenn sie teils im Wasser und teils in der Luft dadurch in Bewegung versetzt werden, daß das jeweilige Medium zurückweicht.

Die Höhlenbewohner unter den eierlegenden Vierfüßern aber, zum Beispiel die Krokodile, Eidechsen, Dorneidechsen sowie Süßwasser-

und Landschildkröten, bei ihnen allen sind die Beine an der Seite angewachsen und über den Erdboden ausgestreckt, und sie beugen sie zur | Seite, weil sie so für das mühelose Untertauchen (in den Höhlen) und für das Bebrüten und den Schutz der Eier nützlich sind. Da aber ihre Beine nach außen gerichtet sind, ist es notwendig, daß sie das Hochheben des ganzen Körpers bewerkstelligen, indem sie die Oberschenkel heranziehen und unter sich stellen. Wenn dies aber geschieht, ist es für sie nicht möglich, (die Beine) | anders zu beugen als nach außen.

16. Daß aber die blutlosen Tiere mit Füßen viele Füße haben und keines von ihnen ein Vierfüßer ist, ist zuvor von uns gesagt worden; weshalb es aber notwendig war, daß ihre Beine mit Ausnahme der äußersten einerseits an der Seite angewachsen sind und andererseits die Beugungen nach oben | haben und daß sie nach hinten auswärts gekrümmt sind, ist klar. Denn es ist notwendig, daß bei allen derartigen Tieren die Beine, die sich in der Mitte befinden, sowohl führen als auch folgen. Wenn sie sich nun unter den Tieren befänden, | müßten sie die Beugung sowohl nach vorn als auch nach hinten haben: um zu führen, nach vorn, und um zu folgen, nach hinten. Da es aber erforderlich ist, daß ihnen beide Aufgaben zufallen, deswegen sind sie einerseits nach außen gekrümmt und haben sie andererseits | die Beugungen zur Seite, mit Ausnahme der äußersten; diese aber verhalten sich in stärkerem Maße, wie es ihrer Natur entspricht, die einen, indem sie folgen, und die anderen, indem sie führen. Ferner sind die Beine aber auch wegen ihrer großen Zahl in dieser Weise gebeugt; denn so dürften sie sich bei der Fortbewegung wohl weniger hinderlich sein und sich weniger (gegenseitig) verletzen. Nach außen gekrümmte Beine | haben sie aber deswegen, weil alle oder die meisten (von ihnen) Höhlenbewohner sind; denn es ist nicht möglich, daß die Tiere, die auf diese Art leben, von hohem Wuchs sind. Unter den Tieren mit vielen Füßen haben aber die Krabben eine besonders auffällige Natur: denn einerseits erfolgt ihre Fortbewegung nicht nach vorn, außer in dem Sinne, wie es zuvor dargelegt worden ist, und andererseits haben sie als einzige unter den Tieren viele führende Füße. Ursache hierfür ist aber | die Härte ihrer Füße und die Tatsache, daß sie sie nicht zum Schwimmen gebrauchen, sondern zum Gehen; sie gehen nämlich immer. Bei allen Tieren mit vielen Füßen erfolgen nun die Beugungen zur Seite, wie auch bei allen Vierfüßern, soweit sie Höhlenbewohner sind; derartige Tiere sind aber zum Beispiel Eidechsen, Krokodile und die Mehrzahl der eier|legenden Tiere. Ursache (hierfür) ist aber, daß sie in Höhlen leben, die einen nur, während sie Junge haben, die anderen aber sogar ihr ganzes Leben hindurch.

17. Aber bei den anderen Tieren sind die Gliedmaßen deswegen nach außen gekrümmt, weil sie weich sind, bei den Langusten dagegen, die eine harte Haut haben, sind die Beine so auf Grund des Schwimmens und nicht wegen des Gehens; bei den Krabben aber erfolgt die Beugung zur Sei|te, und die Beine sind bei ihnen nicht wie bei den eierlegenden Vierfüßern und bei den blutlosen Tieren mit vielen Füßen nach außen gekrümmt, und zwar deswegen, weil ihre Gliedmaßen von einer harten Haut und einer Schale umgeben sind, obwohl die Krabbe nicht schwimmen kann und in Höhlen lebt; denn ihr Leben vollzieht sich auf dem Boden (von Gewässern). Außerdem ist sie ihrer Gestalt nach rund und hat keinen Schwanz wie die Languste; | denn der Schwanz dient den Langusten zum Schwimmen, die Krabbe kann aber nicht schwimmen. Und bei ihr allein gleicht die Seite dem hinteren Körperteil, weil sie viele führende Füße hat. Hierfür besteht aber der Grund darin, | daß sie (die Beine) nicht nach vorn beugt und auch keine nach außen gekrümmten Beine hat. Die Ursache dafür, daß sie keine nach außen gekrümmten Beine hat, ist zuvor genannt worden: die Härte und die schalenartige Beschaffenheit der Haut. Deswegen besteht also die Notwendigkeit, daß sie mit allen Beinen vorangeht, und zwar zur Seite: zur Seite, | weil die Beugung zur Seite erfolgt, und mit allen, weil die in Ruhe befindlichen Füße diejenigen, die sich bewegen, behindern könnten.

Die Fische von der Art der Schollen schwimmen aber so, wie die Einäugigen gehen; denn ihre Natur ist mißgestaltet.

Die Vögel aber, die eine Schwimmhaut an den Füßen haben, schwimmen mit den Füßen, und sie haben deswegen, weil sie Luft aufnehmen | und ausatmen, zwei Füße, aber deswegen, weil sie ihr Leben auf dem Wasser verbringen, haben sie Schwimmhäute an den Füßen; denn da ihre Füße eine solche Beschaffenheit haben, dienen sie ihnen als Flossen. Die Beine befinden sich bei ihnen aber nicht wie bei den anderen Vögeln in der Mitte (des Körpers), sondern weiter hinten; denn da sie kurze Beine haben, sind (ihnen) diese auf Grund der Tatsache, daß sie hinten sitzen, für das Schwimmen nützlich. | Derartige Vögel haben aber deswegen kurze Beine, weil die Natur, nachdem sie von der Länge der Beine etwas weggenommen hat, dies bei den Füßen zugefügt und die Beine statt mit einer gewissen Länge mit einer gewissen Dicke und die Füße mit einer gewissen Breite versehen hat; denn wenn sie breit sind, sind sie von größerem Nutzen, um das Wasser beim Schwimmen zu verdrängen, als wenn sie lang sind. |

18. Mit gutem Grund haben aber auch die Flugtiere Füße, die Fische dagegen keine; denn für die ersteren vollzieht sich das Leben zwar in einem trockenen Medium, es ist aber unmöglich für sie, immer oben in der Luft zu bleiben, so daß sie mit Notwendigkeit Füße haben müssen; für die Fische dagegen vollzieht sich das Leben im Wasser, und sie nehmen Wasser auf, nicht | Luft. Die Flossen sind (ihnen) 714 b daher nützlich zum Schwimmen, die Füße dagegen sind ohne Nutzen (für sie). Wenn sie aber beides hätten, dürften sie kein Blut haben.

Die Sachverhalte bei den Vögeln sind aber in gewisser Weise ähnlich wie die bei den Fischen. Denn die Vögel haben die Flügel oben (am Körper) und die Fische zwei Flossen | an der Rückenpartie; weiterhin haben die Vögel an der Unterseite (des Körpers) die Füße, die Fische dagegen zum größten Teil Flossen sowohl an der Unterseite als auch in der Nähe der Rückenpartie; und die Vögel haben einen Schwanz, die Fische aber eine Schwanzflosse.

19. Es könnte aber jemand hinsichtlich der Schaltiere fragen, worin ihre Bewegung besteht und, wenn es bei ihnen kein Rechts und Links gibt, von wo ihre Bewegung ausgeht; | es ist aber deutlich, daß sie sich bewegen. Oder muß man die ganze betreffende Gattung gleichsam als verstümmelt ansehen und annehmen, daß sie sich ebenso bewegen, wie wenn jemand bei den Tieren mit Füßen die Beine abschlüge, zum Beispiel der Seehund und die Fledermaus? Denn auch sie sind Vierfüßer, sie sind es aber in schlechter Ausführung. Die Schaltiere aber bewegen sich zwar, sie bewegen sich jedoch naturwidrig; | denn sie sind nicht (wirklich) beweglich, vielmehr sind sie beweglich, wenn man sie als seßhaft und fest angewachsen betrachtet, und seßhaft, wenn man sie unter dem Aspekt der Fortbewegung betrachtet. Auch die Krabben haben die rechte Seite nur schlecht ausgebildet, gleichwohl haben sie (sie). Das zeigt deutlich die Schere: denn die rechte ist größer und kräftiger, als ob die linke und rechte Seite das Bestreben haben, (voneinander) verschieden zu sein. |

So steht es also mit den Gegebenheiten, die die (Körper)teile betreffen, sowohl die übrigen als auch diejenigen, die mit der im Gehen bestehenden Fortbewegung der Lebewesen und mit der Ortsbewegung insgesamt zu tun haben; nachdem aber diese Dinge behandelt worden sind, sollen anschließend Untersuchungen über die Seele angestellt werden.

ERLÄUTERUNGEN

EINLEITUNG

1. Die Stellung der Schrift im biologischen Werk des Aristoteles

In der Schrift „Über die Fortbewegung der Lebewesen" hat Ar. sich die Aufgabe gestellt, für die einzelnen Tiergattungen die in der Ortsbewegung bestehende Funktion der Gliedmaßen zu untersuchen und den Ursachen für die morphologischen Unterschiede im Bereich des Extremitätenskeletts nachzugehen.[1] Die Echtheit der vorliegenden Abhandlung hat nie zur Debatte gestanden. Zahlreiche sachliche und sprachliche Parallelen, die im einzelnen in den Anmerkungen nachgewiesen sind, verbinden De inc. anim. mit den anderen biologischen Schriften des Ar., vor allem mit den Schriften Hist. anim. und De part. anim.[2] Mit De part. anim. hat De inc. anim. darüber hinaus aber auch die Aufgabenstellung gemeinsam, nämlich die Darlegung von „Begründungszusammenhänge(n)",[3] die in beiden Schriften auf der Grundlage des in der Hist. anim. gesammelten Faktenmaterials erfolgt.[4] So ist denn auch die Darstellung in De inc. anim. ebenso wie in De part. anim. weitgehend teleologisch ausgerichtet.[5] Das bedeutet freilich nicht, wie Düring[6] schreibt, daß wir es hier mit einer frühen Stufe der Aristotelischen Biologie zu tun haben; das bedeutet vielmehr – und das trifft auch für De gen. anim., das letzte biologische Werk des Stagiriten, zu –, daß für Ar., der von der teleologisch begründeten Vorstellung ausging, daß die Morphologie eines Organs von seiner Funktion bestimmt wird, nicht das Studium der anatomischen Gegebenheiten, sondern die Untersuchung der Funktion der Körperteile, in diesem speziellen Fall der Bewegungsorgane, den Ausgangspunkt und zugleich auch den wesentlichen Inhalt seiner Darstellung bildete. De inc. anim. ist

[1] Siehe Kap. 1, 704 a 4–9.

[2] Siehe z. B. unten S. 125 f. den Komm. zu S. 80,12 f. Vgl. auch Düring, Aristoteles, 510.

[3] Siehe Kullmann, 9 Anm. 7; vgl. auch Louis, 1973, XIII f., und Forster, 1955, 436.

[4] Siehe De inc. anim. 1, 704 b 8–11; De part. anim. II 1, 646 a 8–12.

[5] Siehe bes. De inc. anim. 2, 704 b 15–18 und S. 103 f. den Komm. zu S. 70,9–12. Vgl. Düring, „Aristoteles", 263.

[6] Siehe Aristotle's De partibus animalium, 26.

mit anderen Worten eine physiologische Schrift, und als solche ist sie den anderen biologischen Schriften des Ar., in denen, wie z. B. in De respir. oder De sens., ebenfalls spezielle physiologische Themen als Ergänzung zu den entsprechenden knapperen Ausführungen in De part. anim. gesondert behandelt werden, an die Seite zu stellen.

Wenn es aber als erwiesen gelten darf, daß unsere Schrift weder eine Materialsammlung nach Art der Hist. anim. ist[1] noch als Ergänzung zu diesem Werk konzipiert wurde[2] und daß der Unterschied zwischen den beiden der Selbstbewegung der Lebewesen gewidmeten Abhandlungen De mot. anim. und De inc. anim. auch nicht darin besteht, daß jene eine physiologische und diese eine anatomische Schrift ist, wie Düring[3] dies einmal behauptet hat, so stellt sich erneut das Problem, in welchem Verhältnis diese beiden Texte zueinander stehen. Was das zeitliche Verhältnis der beiden Schriften zueinander betrifft, so ist durch die Bezugnahme auf De inc. anim. im Einleitungssatz von De mot. anim. (698 a 1–4) eindeutig erwiesen, daß unsere Schrift die ältere von den beiden ist. Für die Entstehungszeit von De inc. anim. besagt das allerdings wenig, da De mot. anim. mit Sicherheit in die späte Schaffensperiode des Ar. (334–323) gehört,[4] die Anfänge seiner biologischen Forschungen aber bereits in die Zeit seiner Reisen, d. h. in die Jahre von 347 bis 334, fallen, so daß für die Datierung von De inc. anim. ein Spielraum von rund 20 Jahren bleibt. Eine Möglichkeit, diesen Zeitraum nach oben und nach unten einzugrenzen, bietet unsere Schrift, in der Ar. einerseits als unmittelbar bevorstehende Aufgabe eine Untersuchung über die Seele ankündigt,[5] die er zwar auch erst während seines zweiten Aufenthaltes in Athen (334–323), auf jeden Fall aber vor De mot. anim. geschrieben hat,[6] und andererseits auf die Hist. anim. und De part. anim. (Buch II–IV) als bereits vorliegende Ausarbeitungen verweist.[7] Die Tatsache, daß in De part. anim. umgekehrt auch dreimal auf De inc. anim. verwiesen wird,[8] berechtigt uns

[1] So Nuyens, 171.

[2] So Düring, Aristotle's De partibus animalium, 20. Vgl. auch dens., Aristoteles, 510.

[3] Siehe Aristotle's De partibus animalium, 20.

[4] Vgl. oben S. 31 mit Anm. 2.

[5] Siehe Kap. 19, 714 b 23.

[6] Siehe oben S. 31. Nach Theiler, 76, ist De an. in den Anfang dieser Periode zu datieren.

[7] Zum Verweis auf die Hist. anim. s. Kap. 1, 704 b 10 und unten S. 103 den Komm. zu S. 70,3; zum Verweis auf De part. anim. s. Kap. 19, 714 b 20–22 und unten S. 144 den Komm. zu S. 89,29–34.

[8] De part. anim. IV 11, 690 b 15 u. 692 a 17; IV 13, 696 a 12. Die Verweise auf unsere Schrift lauten jeweils unterschiedlich: *περὶ τῆς πορείας τῶν ζῴων*,

zu der Annahme, daß Ar. an diesen beiden Texten parallel gearbeitet und sie etwa zur gleichen Zeit zum Abschluß gebracht hat, eine Annahme, die auch durch die obenerwähnten engen Berührungen zwischen beiden Schriften bestätigt wird.[1] Ob Ar. die Arbeit an diesen beiden Werken noch während der Zeit seiner Reisen beendet hat, wie Düring[2] annimmt, oder ob dies erst nach seiner Rückkehr nach Athen im Jahre 334 geschah, läßt sich kaum mehr mit Sicherheit entscheiden.

Zugunsten der zweiten Variante spräche, daß mit der Spätdatierung die Möglichkeit gegeben wäre, daß Ar. tatsächlich unmittelbar im Anschluß an De inc. anim. die Schrift „Über die Seele" in Angriff genommen hat. Allerdings hätte das zur Folge, daß dann auch De part. anim. entgegen der Annahme von Theiler, der diese Schrift in die Jahre um 330 datieren möchte,[3] nicht nach, sondern vor De an. geschrieben wäre, so daß sich als Abfassungszeit für De inc. anim. und De part. anim. die ersten Jahre des zweiten Athenaufenthaltes des Ar. ergäben.[4] Auf diese Weise würde sich nicht nur der zeitliche Abstand zwischen den beiden Schriften zur Bewegungsphysiologie erheblich verringern, sie gehörten auch beide derselben Schaffensperiode des Ar. an, die eine stünde am Anfang, die andere am Ende dieser Periode.

Inhaltlich unterscheiden sich die beiden Schriften dadurch, daß in De inc. anim. der äußere Bewegungsmechanismus, wie er sich in der Funktion der verschiedenen Bewegungsorgane darstellt, behandelt wird, De mot. anim. dagegen die allen Lebewesen gemeinsamen Prinzipien, von denen die Bewegungsabläufe in den Gliedmaßen gesteuert werden,

περὶ πορείας und *περὶ πορείας καὶ κινήσεως τῶν ζῴων*. Daß sich alle drei Verweise im IV. Buch von De part. anim. finden, ist sicher kein Zufall, sondern hängt damit zusammen, daß in diesem Buch (Kap. 6–14) die „äußeren" Körperteile, darunter auch die Extremitäten, behandelt werden. Für die Bestimmung des zeitlichen Verhältnisses zwischen De part. anim. und De inc. anim. dürfte es dagegen nicht ohne Bedeutung sein, daß erst ab Kap. 11 auf De inc. anim. verwiesen wird.

1 Vgl. auch Düring, Aristotle's De partibus animalium, 26.

2 Aristoteles, 51; „Aristoteles", 334.

3 Siehe Theiler, 76.

4 Vgl. auch Louis, 1973, XVIf., der die Jahre von 334 bis 330 als Entstehungszeit für De inc. anim. angibt. – Die Bezugnahme auf unsere Schrift in De caelo (II 2, 284 b 13f.: *ἐν τοῖς περὶ τὰς τῶν ζῴων κινήσεις*) entfällt als Anhaltspunkt für die Datierung von De inc. anim., da De caelo der Zeit von 355 bis 347 angehört (s. Düring, Aristoteles, 50), so daß es sich bei diesem Passus in jedem Fall um einen späteren Einschub handeln muß. Spuren einer nach 334 erfolgten Revision lassen sich in De caelo auch sonst nachweisen (s. Düring, ebd., 349).

zum Gegenstand hat. Die Schrift über die Fortbewegung ist jedoch mehr als nur eine Vorstudie zu De mot. anim. Sie ist eine Untersuchung der Mechanik der verschiedenen Fortbewegungsarten und bildete als solche den Anfang einer langen Tradition, die sich im direkten Anschluß an die Aristotelische Schrift von der Renaissance bis zum Ende des 19. Jahrhunderts erstreckt,[1] als es mit dem modernen Hilfsmittel der Photographie möglich wurde, die Gangbewegungen photographisch zu registrieren und auf dieser Grundlage den Mechanismus des Ganges in allen Einzelheiten zu analysieren und darzustellen.[2]

2. *Inhaltsübersicht*

Kap. 1: Einleitung und Disposition der Schrift
Kap. 2: Theoretische Grundsätze der Untersuchung
Kap. 3: Die für die Selbstbewegung erforderlichen ruhenden Stützpunkte innerhalb und außerhalb des sich bewegenden Lebewesens
Kap. 4 und 5: Die Lehre von den sechs Körperdimensionen und ihre Bedeutung als Ausgangspunkte des Wachstums, der Sinneswahrnehmung und der Ortsbewegung
Kap. 6: Sitz und Funktion des zentralen Bewegungsursprungs im Körper der Lebewesen
Kap. 7: Die Bewegung der blutführenden Tiere erfolgt mit maximal vier Bewegungspunkten
Kap. 8: Die Ursachen für die in der Regel gerade Zahl der Extremitäten
Kap. 9: Der Mechanismus des Gehens
Kap. 10: Der Mechanismus der Flugbewegung
Kap. 11: Anatomischer Bau und Funktion der Beckengliedmaßen der Vögel
Kap. 12 und 13: Die Beugerichtungen der Extremitäten
Kap. 14: Die in einer diagonalen Bewegung der Beine bestehende Gangart der Vierfüßer
Kap. 15: Die Beugerichtungen der Extremitäten bei Vögeln, Fischen und in Höhlen lebenden eierlegenden Vierfüßern
Kap. 16: Der Mechanismus des Gehens bei den blutlosen Tieren

[1] Siehe den historischen Überblick über die Untersuchungen zur Mechanik des Gehens bei W. u. Ed. Weber, 267–295.

[2] Vgl. W. Steinhausen, 174–178.

Kap. 17: Die sich aus der von der Regel abweichenden Fortbewegungsart ergebenden morphologischen Besonderheiten bei Krabben und Schwimmvögeln
Kap. 18: Unterschiede und Analogien bei den Extremitäten der Vögel und Fische
Kap. 19: Die Bewegung der Schaltiere

3. *Zur Überlieferungsgeschichte*

a) Handschriften

Von den insgesamt 30 Handschriften, in denen De inc. anim. überliefert ist,[1] sind seit der Ausgabe von Bekker fünf Kodizes, der Vatic. gr. 260, 11. Jh. (= *U*), der Oxon. Coll. Corp. Christi 108, 12. Jh. (= *Z*), der Laur. 81,1, 12./13. Jh. (= *S*), der Vatic. gr. 261, 13./14. Jh. (= *Y*) und der Vatic. gr. 1339, 14. Jh. (= *P*), für die Textherstellung herangezogen worden. Sie bilden zwei Überlieferungszweige, von denen der eine durch *YZ*, der andere durch *PSU* repräsentiert wird. Der Wert der beiden Handschriftengruppen ist unterschiedlich bestimmt worden: Jaeger[2] hat – mit einer gewissen Berechtigung, wie wir glauben – generell dem Consensus von *PSU*, Louis[3] dagegen grundsätzlich dem Consensus von *YZ* den größeren Überlieferungswert zugesprochen, wobei sich jedoch beide Herausgeber ausdrücklich die Möglichkeit vorbehalten haben, die Entscheidung für die eine oder andere Handschriftengruppe vom konkreten Einzelfall abhängig zu machen.

b) Sekundärüberlieferung

Die Sekundärüberlieferung zu De inc. anim. bilden die lateinische Übersetzung der Schrift von Nicolaus Leonicus Thomaeus (um 1456 – um 1533), gedruckt in: Aristotelis Opera, hrsg. von I. Bekker, Bd. III, Berlin 1831, S. 345–350, und der Kommentar des Michael Ephesius (12. Jh.[4]), hrsg. von M. Hayduck, in: Commentaria in Aristotelem Graeca XXII 2, Berlin 1904, S. 135–170. Die lateinische Version ist textkritisch und als Verständnishilfe gleichermaßen unergiebig; der Kommentar des Michael Ephesius erwies sich dagegen an einigen Stellen für die Interpretation des Textes als hilfreich.

[1] Siehe Louis, 1973, 6f., der eine vollständige Liste aller 30 Handschriften bringt.
[2] Siehe Jaeger, 1913, XVI.
[3] Siehe Louis, 1973, 8.
[4] Zur Datierung s. oben S. 33 Anm. 3.

c) Ausgaben und Übersetzungen

Jaeger, W., Leipzig 1913. Die Edition von Jaeger ist nach wie vor als wissenschaftlich maßgebende Ausgabe zu benutzen.

Forster, E. S., 3. Aufl., London u. Cambridge, Mass. 1955 (Loeb Classical Library), mit englischer Übersetzung (zur Charakterisierung der Ausgabe s. oben S. 34).

Louis, P., Paris 1973, mit französischer Übersetzung. Der Wert dieser Ausgabe ist durch die auffallend konservative Gestaltung des Textes beeinträchtigt.

Farquharson, A. S. L., Oxford 1912 (The Oxford Translation of Aristotle, Bd. V), englische Übersetzung mit Kommentar (s. unsere Bemerkungen oben S. 35).

Preus, A., Hildesheim—New York 1981 (Studien und Materialien zur Geschichte der Philosophie 22). Englische Übersetzung der Aristotelesschrift und des Kommentars von Michael Ephesius mit Einleitung und Anmerkungen. Die gut lesbare, bisweilen unnötig freie Übersetzung von De inc. anim. basiert auf dem Text der Ausgabe von Forster; gelegentlich sind die Editionen von Louis und Jaeger berücksichtigt.

4. *Bemerkungen zur Übersetzung*

Unserer Übersetzung haben wir die Edition des griechischen Textes von Jaeger zugrunde gelegt. Auf Abweichungen von diesem Text wurde in den Anmerkungen hingewiesen. Für das Verständnis der deutschen Übersetzung notwendige erklärende Zusätze wurden durch runde Klammern, Parenthesen im griechischen Text durch Gedankenstriche kenntlich gemacht.

5. *Verzeichnis der benutzten Literatur*

Aubert, H., u. *Wimmer, Fr.*, Aristoteles' fünf Bücher von der Zeugung und Entwickelung der Thiere, hrsg., übers. u. erl., Leipzig 1860

Aubert, H., u. *Wimmer, Fr.*, Aristoteles' Thierkunde, hrsg., übers. u. erkl., 2 Bde., Leipzig 1868

Bassenge, F., Das *τὸ ἑνὶ εἶναι, τὸ ἀγαθῷ εἶναι* etc. etc. und das *τὸ τί ἦν εἶναι* bei Aristoteles, Philologus 104, 1960, 14–47 u. 201–222

Boylan, M., The digestive and "circulatory" systems in Aristotle's biology, Journal of the History of Biology 15, 1982, 89–118

Braune, W., u. *Fischer, O.*, Der Gang des Menschen. I. Theil: Versuche am unbelasteten und belasteten Menschen, Abhandl. d. Königl. Sächs. Gesellsch. d. Wiss., math.-phys. Cl., Bd. XXI, Nr. IV, Leipzig 1895, 153–322

Buddenbrook, W. v., Fortbewegung auf dem Boden bei Wirbellosen, in: Bewegung und Gleichgewicht. Physiologie der körperlichen Arbeit I, Berlin 1930 (Handbuch der normalen und pathologischen Physiologie, hrsg. von A. Bethe, G. v. Bergmann, G. Embden u. A. Ellinger, Bd. 15,1), 271–291

Buytendijk, F. J. J., Allgemeine Theorie der menschlichen Haltung und Bewegung, Berlin–Göttingen–Heidelberg 1956

Du Bois-Reymond, R., Ortsbewegung der Säugetiere, Vögel, Reptilien und Amphibien, in: Bewegung und Gleichgewicht. Physiologie der körperlichen Arbeit I, Berlin 1930 (Handbuch der normalen und pathologischen Physiologie, hrsg. von A. Bethe, G. v. Bergmann, G. Embden u. A. Ellinger, Bd. 15,1), 236–270

Düring, I., Aristotle's De partibus animalium. Critical and literary commentaries, Göteborgs Kungl. Vetenskaps- och Vitterhetssamhälles Handlingar. Sjätte följden, Ser. A, Bd. 2, Nr. 1, Göteborg 1943

Düring, I., Aristoteles. Darstellung und Interpretation seines Denkens, Heidelberg 1966 [zitiert: Düring, Aristoteles]

Düring, I., Art. „Aristoteles", in: RE Suppl.-Bd. XI, Stuttgart 1968, 159–336 [zitiert: Düring, „Aristoteles"]

Ellenberger, W., u. *Baum, H.*, Handbuch der vergleichenden Anatomie der Haustiere, 18. Aufl., bearb. von O. Zietzschmann, E. Ackerknecht u. H. Grau, Berlin 1943

Fischer, M. H., Der Flug der Wirbeltiere, in: Bewegung und Gleichgewicht. Physiologie der körperlichen Arbeit I, Berlin 1930 (Handbuch der normalen und pathologischen Physiologie, hrsg. von A. Bethe, G. v. Bergmann, G. Embden u. A. Ellinger, Bd. 15,1), 320–348.

Frisk, H., Griechisches etymologisches Wörterbuch, Heidelberg 1960ff.

Gardiner, E. N., Greek athletic sports and festivals, London 1910

Gardiner, E. N., Athletics of the Ancient world, Oxford 1930 (Nachdruck 1955, 1965)

Harig, G., Zur Charakterisierung der wissenschaftstheoretischen Aspekte in der Aristotelischen Biologie und Medizin, in: Aristoteles als Wissenschaftstheoretiker. Eine Aufsatzsammlung, hrsg. von J. Irmscher u. R. Müller, Berlin 1983 (Schriften zur Geschichte u. Kultur d. Antike, Bd. 22), 159–170

Jürß, F., Die sophistische Aufklärung und die Systematisierung der materialistischen und idealistischen Denkformen, in: Geschichte des wissenschaftlichen Denkens im Altertum, hrsg. von F. Jürß, Berlin 1982 (Veröffentlichungen des Zentralinstituts f. Alte Geschichte u. Archäologie der AdW d. DDR, Bd. 13), 239–269

Kádár, Z., Survivals of Greek zoological illustrations in Byzantine manuscripts, Budapest 1978

Koch, T., Lehrbuch der Veterinär-Anatomie, Bd. I, 2. Aufl., Jena 1970
Kraak, W. K., Aristote est-il toujours resté fidèle à sa conception que la plante se tient la tête en bas?, Mnemosyne 3. Ser. 10, 1941, 251–262
Kullmann, W., Die Teleologie in der aristotelischen Biologie. Aristoteles als Zoologe, Embryologe und Genetiker, Heidelberg 1979 (Sitzungsberichte der Heidelberger Akademie d. Wiss., Philos.-hist. Kl. 1979,2)
Landois, L., u. *Rosemann, R.*, Physiologie des Menschen. Mit besonderer Berücksichtigung der chemischen und pathologischen Physiologie, 26. Aufl., vollst. neubearb. von H.-U. Rosemann, München – Berlin (West) 1950
Lloyd, G. E. R., Right and left in Greek philosophy, Journal of Hellenic Studies 82, 1962, 56–66
Lloyd, G. E. R., Polarity and analogy. Two types of argumentation in early Greek thought, Cambridge 1966
Louis, P., Aristote, De la génération des animaux, hrsg. u. übers., Paris 1961
Lukas, G., Die Körperkultur in frühen Epochen der Menschheitsentwicklung, Berlin 1969
Meyer, J. B., Aristoteles' Thierkunde. Ein Beitrag zur Geschichte der Zoologie, Physiologie und alten Philosophie, Berlin 1855
Nuyens, F., L'évolution de la psychologie d'Aristote, aus dem Niederländischen übers., mit einem Vorwort von A. Mansion, Louvain 1948
Peck, A. L., Aristotle, Generation of animals, hrsg. u. übers., London u. Cambridge, Mass. 1953 (Loeb Classical Library)
Platt, A., On Aristotle De animalium incessu, Journal of Philology 32, 1912, 37–42
Platt, A., Notes on Aristotle, Journal of Philology 32, 1912, 274–299
Ross, D., Aristotle, Parva Naturalia, hrsg. u. erl., Oxford 1955
Steinhausen, W., Mechanik des menschlichen Körpers, in: Bewegung und Gleichgewicht. Physiologie der körperlichen Arbeit I, Berlin 1930 (Handbuch der normalen und pathologischen Physiologie, hrsg. von A. Bethe, G. v. Bergmann, G. Embden u. A. Ellinger, Bd. 15,1), 162–235
Theiler, W., Aristoteles, Über die Seele, Berlin 1959 (Aristoteles, Werke in dtsch. Übersetzung, hrsg. von E. Grumach, Bd. 13)
Waser, O., Art. „Eros" (Nr. 1), in: RE, Bd. VI, Stuttgart 1909, 484–542
Weber, W. u. *Ed.*, Mechanik der menschlichen Gehwerkzeuge. Eine anatomisch-physiologische Untersuchung, in: Wilhelm Weber's Werke, hrsg. von d. Königl. Gesellsch. d. Wiss. zu Göttingen, Bd. 6, Berlin 1894, 1–305

ANMERKUNGEN

Kapitel 1

Wie Ar. einleitend schreibt, sollen die Untersuchung einerseits der Ursachen für die jeweilige Beschaffenheit, d. h. den anatomischen Bau, der Gliedmaßen und andererseits der Funktion, welche diese zu erfüllen haben, sowie die Darlegung der (morphologischen) Unterschiede, die sowohl an den verschiedenen Extremitäten bei ein und demselben Lebewesen als auch an den Gliedmaßen von Tieren unterschiedlicher Gattung zu beobachten sind, den Gegenstand der vorliegenden Abhandlung bilden. Die anschließende Aufzählung der im einzelnen zu behandelnden Probleme umfaßt, grob gesagt, zwei Komplexe: erstens die für die Fortbewegung erforderliche Anzahl von Gliedmaßen und zweitens die Art und Weise, in der die der Fortbewegung dienenden Gliedmaßen gebeugt werden.

69,2–4 (704 a 5f.) „aus welchem Grunde – sie haben". Während die erste Frage auf die Zweckmäßigkeit der jeweiligen Körperstruktur abzielt, geht es in der zweiten um die unterschiedlichen Funktionen, welche die Körperteile, die der Fortbewegung dienen, zu erfüllen haben.

69,5–8 (a 7–9) „die Unterschiede – verschieden sind". Die Unterschiede, deren Untersuchung Ar. hier ankündigt, sind zum einen die zwischen den oberen und unteren bzw. vorderen und hinteren Extremitäten jeweils eines Lebewesens und zum anderen die zwischen den analogen Gliedmaßen (z. B. Armen, Flügeln und Vorderbeinen) bei Lebewesen verschiedener Gattungen.

69,8–32 (a 9–b 7) Der hier zusammengestellte Fragenkatalog stellt eine Art Disposition dar, deren Ausführung in den Kapiteln 5 bis 17 erfolgt: die Ursachen für die unterschiedliche Anzahl bzw. das Fehlen der Füße (Kap. 5 bis Kap. 8 Anfang); die Ursachen für die im allgemeinen gerade Zahl der Extremitäten bzw. der analogen Körperteile (Kap. 8); das Beugen und Strekken der Gliedmaßen als Voraussetzung für die Fortbewegung (Kap. 9–10); die Ursachen für die verschiedenen Arten des Beugens der Extremitäten (Kap. 11–13 u. 15–17 Mitte); die Ursachen für den diagonalen Bewegungsablauf bei Tieren mit vier und mehr Füßen (Kap. 14).

69,10 (a 10) „Punkten" (*σημείοις*). Zu den „Punkten", mit deren Hilfe die Fortqewegung erfolgt, gehören nach Ar. neben den Füßen beim Menschen die Arme, bei den Vögeln die Flügel (Kap. 5, 706 a 28f.) und bei den Fischen die Flossen (vgl. Kap. 7, 708 a 7–9). Da er diese sogenannten Punkte, die dazu dienen, den Kontakt mit dem jeweiligen Medium herzustellen, auf bzw. in dem sich die Lebewesen bewegen, als unerläßliche Voraussetzung für die Fortbewegung betrachtet, nimmt er sie auch bei den Tieren an, die weder Füße noch irgendein analoges Organ haben, z. B. bei den Schlangen (s. Kap. 7, 707 b 7–14).

69,11 f. (a 11) „die blutführenden Tiere . . . die blutlosen". Zur Gruppe der blutführenden Tiere zählt Ar. die Säugetiere, Vögel, Amphibien, Reptilien und Fische, zur Gruppe der blutlosen die Weichtiere, Weichschaltiere, Insekten und Schaltiere. Die blutführenden Tiere entsprechen also im wesentlichen den Wirbeltieren (Vertebraten) in der modernen Systematik, während die blutlosen den wirbellosen Tieren (Evertebraten) zuzurechnen sind.

69,19–22 u. **25–29** (a 17–20 u. 22–b 5) Die Überzeugung des Ar., daß die Vögel und die Vierfüßer unter den Säugetieren ihre Extremitäten im Vergleich mit denen des Menschen in entgegengesetzter Richtung beugen (s. z. B. auch Hist. anim. II 1, 498 a 3–8; De part. anim. IV 12, 693 b 2–5), beruht auf einem Irrtum, der auf seine mangelhafte Kenntnis bzw. falsche Interpretation des Extremitätenskeletts bei Säugetieren und Vögeln zurückzuführen ist. Wenn Ar. De part. anim. IV 10, 690 a 27f. schreibt, der Mensch habe von allen Lebewesen die größten Füße im Verhältnis zu seiner Körpergröße, so bedeutet dies, daß er bei den Tieren jeweils nur die Teile des Fußes als Fuß betrachtete, die auf den Boden aufsetzen, z. B. beim Pferd das Zehenendorgan, den Huf, und bei den Vögeln die Zehen (vgl. Hist. anim. II 12, 504 a 10f., wo es heißt, daß die Vögel die nach hinten gerichtete Zehe anstelle der Ferse haben). Hiervon ausgehend, setzte er die Fesselgelenke beim Tier mit dem Sprunggelenk bzw. Handgelenk beim Menschen gleich, die langgestreckten Mittelfußknochen mit dem Unterschenkel bzw. Unterarm, die Sprunggelenke (Tarsal- bzw. Karpalgelenk) mit dem Knie- bzw. Ellenbogengelenk, den Unterschenkel mit dem Oberschenkel bzw. Oberarm und das Knie- bzw. Ellenbogengelenk mit dem Hüft- bzw. Schultergelenk (vgl. auch Aubert u. Wimmer, Aristoteles' Thierkunde, Bd. 1, 249, Komm. zu § 5; Meyer, 441). Daß Ar. das Extremitätenskelett der Säugetiere in seinen Einzelheiten tatsächlich unbekannt war, sich seine Vorstellungen vom anatomischen Bau vielmehr allein auf das äußere Erscheinungsbild am lebenden Tier gründeten, bestätigt auch die Tatsache, daß er bei den Vögeln, deren Oberschenkel er richtig erkannt hatte, diesen seiner vorgefaßten Meinung zuliebe nicht als solchen gelten ließ, sondern ihn mit der Hüfte identifizierte (vgl. Kap. 11, 710 b 21–24) und so auch bei ihnen trotz besseren Wissens das Kniegelenk als Hüftgelenk und die Tarsalgelenkspalte als Kniegelenk in Anspruch nahm. Der grundlegende Fehler des Ar. bestand also darin, daß er die Beugerichtung der menschlichen Extremitäten am Knie- und Ellenbogengelenk (vgl. 704 a 22, wo die Knie ausdrücklich genannt sind), die der tierischen Extremitäten aber irrtümlicherweise am Tarsal- und Karpalgelenk bestimmte, deren Winkelung beim Tier ebenso wie beim Menschen in entgegengesetzter Richtung zu der des Knie- und Ellenbogengelenks erfolgt: Von vorn betrachtet, bildet das Kniegelenk eine Wölbung, das Tarsalgelenk eine Höhlung, das Ellenbogengelenk dagegen eine Höhlung und das Karpalgelenk eine Wölbung.

69,21 f. (a 18–20) „der Mensch – Höhlung". Die Bestimmung der Beugerichtung der Beine erfolgt auf Grund der Winkelung des echten bzw. vermeintlichen Kniegelenks (s. den vorangehenden Komm. zu S. 69,19–22 u. 25–29).

69,24 f. (a 21 f.) „die Arme – Höhlung". Die Beugerichtung der Arme wird nach der Winkelung des Ellenbogengelenks bestimmt (s. oben S. 102 den Komm. zu S. 69,19–22 u. 25–29).

69,25 f. (a 23) „die lebendgebärenden Vierfüßer". Sie entsprechen den vierfüßigen Säugetieren. Hinsichtlich der Winkelung der Gelenke bildet unter ihnen nach Ar. der Elefant eine Ausnahme (s. Kap. 13, 712 a 10 f. und unten S. 134 den Komm. zu S. 84,34).

69,29–31 (b 5 f.) „beugen alle Vierfüßer – zur Seite". Zur Beugerichtung der Beine bei den eierlegenden Vierfüßern s. Kap. 15, 713 a 15–25.

69,31 f. (b 7) „bewegen sich die Vierfüßer diagonal". Die diagonale Bewegung der vierbeinigen Tiere besteht darin, daß sie die vier Extremitäten diagonal nacheinander bewegen: das rechte Vorderbein, das linke Hinterbein; das linke Vorderbein, das rechte Hinterbein (vgl. Kap. 14, 712 a 24–28).

70,3 (b 10) „aus der ‚Naturkunde'" (*ἐκ τῆς ἱστορίας τῆς φυσικῆς*). Mit dieser umschreibenden Angabe bezieht Ar. sich auf die Hist. anim., in der er das für die Behandlung theoretischer Fragen wie der nach den Ursachen der Lokomotion erforderliche Tatsachenmaterial zusammengetragen hatte.

Kapitel 2

Unter den theoretischen Prinzipien, die Ar. zur Grundlage der folgenden Untersuchungen zu machen verspricht, nennt er an erster Stelle seine Auffassung von der Zweckbestimmtheit des biologischen Geschehens. Als weitere theoretische Grundsätze führt er seine Lehre von den Körperdimensionen in ihrer Bedeutung als Ausgangspunkte des Wachstums, der Sinneswahrnehmung und der Ortsbewegung sowie die seiner Bewegungslehre zugrunde liegende These an, daß Stoßen und Ziehen die beiden Bewegungstypen sind, auf die sich alle anderen Arten der Ortsbewegung reduzieren lassen.

70,5–8 (b 12–14) „Den Ausgangspunkt – verhalten". Wenn Ar. hier von Erscheinungen spricht, „die sich in allen Werken der Natur auf diese Weise (sc. nach Art von Prinzipien) verhalten", so denkt er dabei an Erscheinungen, die nicht nur in einem speziellen Fall, sondern im gesamten biologischen Bereich als Prinzipien wirksam sind, d. h. gleichsam den Charakter von Gesetzmäßigkeiten haben. Die Gesetzmäßigkeit, das, was immer oder in der Regel geschieht, ist nach seiner Auffassung das Naturgemäße (s. De part. anim. III 2, 663 b 28 f.; De gen. anim. I 19, 727 b 29 f.) und somit das, was den Ausgangspunkt für die theoretische Erfassung und Interpretation biologischer Sachverhalte zu bilden hat (s. auch De part. anim. III 2, 663 b 27 f.; vgl. Düring, Aristoteles, 535). Mit anderen Worten, es ist die deduktive Betrachtungsweise, die Ar. als die dem vorliegenden Gegenstand adäquate Untersuchungsmethode deklariert.

70,9–12 (b 15–18) „daß die Natur – mit der Natur". Es ist sicher kein Zufall, daß Ar. unter den Prinzipien, die in der Natur allgemeine Gültigkeit haben, an erster Stelle den Satz anführt, in der Natur geschehe nichts umsonst (wörtlich: die Natur macht [*ποιεῖ*], schafft [*δημιουργεῖ*] nichts umsonst; zur übertragenen Bedeutung dieses Ausdrucks bei Ar. vgl. Kullmann, 24f.), jedes biologische Wesen sei auf seine Weise in höchstem Maße zweckmäßig organisiert und befinde sich deshalb in Übereinstimmung mit der Natur (vgl. auch Meyer, 471). Dieser Satz ist Ausdruck der Vorstellung von der Zweckgebundenheit biologischen Geschehens und der daraus abgeleiteten teleologischen Betrachtungsweise, die nicht nur in der vorliegenden Schrift (vgl. Kap. 8, 708 a 9–12; Kap. 11, 711 a 2–7; Kap. 12, 711 a 14–19), sondern auch in De part. anim. und De gen. anim. die Forschungsmethode des Ar. bestimmt. Die Auffassung, daß jedes biologische Wesen eine wohldurchdachte und in allen Einzelheiten zweckmäßige Einrichtung ist, bedeutete für die Biologie einen großen Fortschritt. Da sie es zur lohnenden Aufgabe machte, für jede Erscheinung am lebenden Organismus eine Erklärung zu suchen, trug sie nicht nur dazu bei, das Forschungsgebiet des Biologen wesentlich zu erweitern, sondern gab gleichzeitig auch eine geeignete Grundlage ab, auf der Ar. seine Funktionsanalogien zwischen den Körperteilen verschiedener Lebewesen (z. B. zwischen Lungen und Kiemen oder zwischen Flügeln, Flossen und oberen bzw. vorderen Extremitäten) aufbauen konnte (vgl. Düring, Aristoteles, 518). Mit diesem Vorgehen wurde er zum Begründer der vergleichenden Anatomie, wenngleich er sich auf Grund seiner sich aus der Teleologie ergebenden Vorstellung, daß die Morphologie eines Körperteils oder Organs allein durch dessen Funktion bestimmt wird (vgl. Kullmann, 27; Boylan, 90), bei der Erforschung und Darstellung der morphologischen Gegebenheiten häufig genug in die Irre führen ließ, da es ihm weniger auf die anatomischen Befunde als solche ankam, sondern in erster Linie darum ging, in ihnen seine im Hinblick auf die Funktion der Organe entwickelten Theorien bestätigt zu finden.

Die teleologische Naturbetrachtung hat sich aber nicht nur deswegen hemmend auf die biologische Forschung ausgewirkt, weil sie vom Standpunkt der modernen Naturwissenschaft aus zu allzu voreiligen theoretischen Verallgemeinerungen führte (vgl. Harig, 169f.), die den Weg für weitere Untersuchungen versperrten. Die Vorstellung von der zweckmäßigen Organisiertheit biologischer Systeme schränkte auch den Entwicklungsgedanken in der Biologie weitgehend ein; mit ihr konnte Ar. zwar Entstehung und Erhaltung des Artgleichen erklären, für die Entstehung neuer Arten ließ sie jedoch keinen Raum (vgl. Jürß, 262f.).

70,13–17 (b 18–22) „Weiterhin muß man – das Links". Zu der hier genannten Theorie von den Körperdimensionen und zu der Rolle, die sie in der Aristotelischen Lehre von der Ortsbewegung der Lebewesen spielt, s. Kap. 4–6, 705 a 26–707 a 5.

70,18f. (b 22f.) „daß Stoßen und Ziehen – sind". Daß sich alle Ortsbewegungen auf Stoßen und Ziehen reduzieren lassen, hat Ar. Phys. VII 2, 243 a 15–b 17 ausführlich begründet.

70,19–23 (b 24–705 a 2) „zufällig – werden". Die Bewegung der Gegenstände, die transportiert werden, bezeichnet Ar. deshalb als „zufällig" (*κατὰ συμβεβηκός*), weil diese sich, wie er Phys. VII 2, 243 b 19f. schreibt, in oder auf einem bewegten Gegenstand befinden, d. h. nur in vermittelter Weise bewegt werden.

Kapitel 3

Die Ortsveränderung der Lebewesen erfolgt entweder mit dem ganzen Körper auf einmal wie beim Springen oder mit bestimmten Körperteilen wie beim Gehen. Beide Arten der Ortsveränderung sind nur möglich, wenn es sowohl außerhalb als auch innerhalb der Lebewesen etwas Unbewegtes gibt, das als Stütze dient. Die äußere Stütze bildet für sie das, was sich unter ihren Füßen befindet; im Inneren der Lebewesen fungieren die Gelenke als Stützpunkte, die aus zwei Teilen bestehen, von denen der eine den bei der Bewegung erforderlichen Druck ausübt, während der andere diesem Druck standhält.

70,27 (705 a 4f.) „mit dem ganzen Körper auf einmal". Zu der Behauptung, daß die Bewegung beim Springen im Unterschied zu der beim Gehen nicht mit den Beinen, sondern mit dem ganzen Körper ausgeführt wird, scheint Ar. sich deswegen veranlaßt gesehen zu haben, weil beim Springen beide bzw. alle vier Beine zugleich vom Erdboden abgehoben sind und der so entstandene stärkere Druck vom Körper und nicht wie beim Gehen von den Gelenken abgefangen wird, von denen die jeweilige Bewegung ausgeht (vgl. a 12f.).

70,31 f. (a 8) „das . . ., was sich unter ihm befindet". Gemeint ist das jeweilige Medium, auf bzw. in dem sich die Lebewesen fortbewegen: Für die Menschen und die auf dem Land lebenden Tiere ist dies der Erdboden, für die Flugtiere ist es die Luft und für die Fische das Wasser (vgl. De mot. anim. 2, 698 b 17f.).

70,32–35 (a 8–12) „Deshalb kann – in Bewegung setzen". Vgl. De mot. anim. 2, 698 b 15–18, wo Ar. den hier geschilderten Sachverhalt an zwei Beispielen erläutert.

70,38–41 (a 14f.) „Die (Körper)teile – ausgesetzt ist". Den Bewegungsmechanismus in den Gelenken (*καμπαί*; zur Verwendung dieses Wortes bei Ar. s. oben S. 38 den Komm. zu S. 9,22) hat Ar. De mot. anim. 1, 698 a 18–b 4 beschrieben. Es heißt dort, daß die Gelenke aus zwei gegeneinander beweglichen Teilen (Gelenkpfanne und Gelenkkopf) bestehen, von denen jeweils der eine, und zwar der als Bewegungsursprung fungierende höher gelegene Teil, bei der Bewegung im Zustand der Ruhe verharrt, während der andere sich bewegt (vgl. dazu oben S. 38f. den Komm. zu S. 9,22–10,8). Von ähnlichen Vorstellungen dürfte Ar. auch hier ausgegangen sein, wenn er davon spricht, daß die Körperteile „in den Gelenken aneinander einen gewissen Halt" finden, d. h., daß der Teil des Gelenks, der bewegt wird, einen Druck ausübt, während der unbewegte Teil diesem Druck standhält und so die Bewegung ermöglicht.

70,41–71,3 (a 16–19) „Deshalb springen – die Handgelenke". Der Hinweis des Ar., daß die Verwendung von Hanteln beim Springen und das Anwinkeln der Arme beim Laufen dazu beitragen, die Leistung der Sportler zu erhöhen, ist zwar richtig, allerdings beruht die Leistungssteigerung nicht, wie Ar. anzunehmen scheint, darauf, daß durch die Hanteln oder die durch das Anwinkeln der Arme erzielte Anspannung der Armmuskulatur die oberen Körperpartien, die beim Springen und Laufen Widerstand zu leisten haben, in ihrer Masse vergrößert werden und infolgedessen einen größeren Druck auszuhalten imstande sind. Die Wirkung der Sprunghanteln, die aus Blei, Eisen oder

Stein gefertigt waren und eine Länge von 12 bis 29 cm und ein Gewicht von 1,5 bis 6,3 kg hatten, bestand vielmehr darin, „daß . . . der belastete Arm vor dem Sprung die Schwungzentrifugalkraft vergrößert und infolgedessen ein stärkerer Druck auf die Absprungunterlage ausgeübt bzw. ein intensiverer Absprung . . . erzielt wurde" (Lukas, 88; vgl. auch Gardiner, Greek athletic sports, 298–310, und Athletics, 145–153), während für die Steigerung der Laufgeschwindigkeit vor allem die Bewegung der angewinkelten Arme ausschlaggebend ist (vgl. Gardiner, Greek athletic sports, 282, und Athletics, 137–140).

70,41 (a 16) „Fünfkämpfer". Zum griechischen Fünfkampf gehörten außer Springen die Disziplinen Laufen, Diskuswerfen, Speerwerfen und Ringkampf.

71,5 (a 20) „zwei organische Teile". Da von den beiden organischen, d. h. aus verschiedenen homoiomeren Substanzen zusammengesetzten (s. oben S. 52f. den Komm. zu S. 18,7–9), Teilen, der eine Teil, wie Ar. weiter ausführt, unbewegt bleibt, während sich der andere bewegt, muß es sich um Teile handeln, die durch Gelenke miteinander verbunden sind, wie z. B. die Beine durch die Hüftgelenke mit dem Beckengürtel oder der Unterschenkel durch das Kniegelenk mit dem Oberschenkel.

71,12f. (a 24f.) „das, was eine Einwirkung – trennen". Die Trennung zwischen dem, was etwas bewirkt, dem jeweiligen Bewegungsursprung, und dem, was von diesem eine Einwirkung erfährt, hält Ar. deshalb für eine notwendige Voraussetzung für die Ortsbewegung, weil der jeweils als Bewegungsursprung fungierende Gelenkteil und damit zugleich auch der Körperteil, in dem sich dieser befindet, zum Zeitpunkt der Bewegung ihrerseits unbewegt bleiben müssen.

Kapitel 4

Gegenstand dieses Kapitels ist die Darstellung der Lehre von den sechs Körperdimensionen, dem Oben und Unten, dem Vorn und Hinten, dem Rechts und Links, von denen das dritte Paar in der Bewegungslehre des Ar. eine entscheidende Rolle spielt. Die Differenzierung in Oben und Unten, die durch Nahrungsaufnahme und Wachstum bestimmt ist, sieht Ar. bei allen lebenden Wesen als gegeben an, auch bei den Pflanzen, bei denen allerdings der obere, für die Aufnahme und Verteilung der Nahrung zuständige, und der untere Teil im Hinblick auf ihre Lage im Verhältnis zu Erde und Himmel miteinander vertauscht sind. Die Differenzierung in Vorn und Hinten gibt es nur bei den Lebewesen im eigentlichen Sinne des Wortes, d. h. bei allen Tieren und beim Menschen, denn sie sind mit Sinneswahrnehmung begabt, die nach den Vorstellungen des Ar. das entscheidende Kriterium für die Bestimmung des Vorn darstellt. Die Differenzierung in Rechts und Links findet sich dagegen – mehr oder weniger stark ausgeprägt – nur bei Lebewesen mit Eigenbewegung, da die rechte Seite jeweils danach zu bestimmen ist, daß auf ihr der Ausgangspunkt für die Ortsveränderung seinen Sitz hat, während die Funktion der linken Seite darauf beschränkt ist, diesem Bewegungsursprung zu folgen.

Als Beweis für die Richtigkeit seiner Theorie, daß die rechte Seite bewegt und die linke bewegt wird, führt Ar. drei praktische Beispiele an: 1. Alle Menschen tragen die Lasten auf der linken Seite. 2. Das Hüpfen auf einem Bein bereitet weniger Mühe, wenn man dazu das linke Bein benutzt. 3. Alle strecken zum Schutz die linke Seite vor, während sie sich mit der rechten Seite verteidigen.

71,14–72,7 (a 26–b 21) Ebenso wie in der abgestuften Teilhabe an den verschiedenen Seelenteilen, der Ernährungsseele, der Wahrnehmungsseele und der Vernunftseele, manifestiert sich die Kontinuität in der Natur für Ar. auch in der in ähnlicher Weise abgestuften Teilhabe an den sechs von ihm genannten Dimensionen: An der Ausdehnung nach oben und unten, die mit der primitivsten, auf Ernährung und Wachstum beschränkten Lebensform verbunden ist, haben alle belebten Wesen einschließlich der Pflanzen teil (a 29–b 1). Mit der Sinneswahrnehmung, die Ausdruck der nächsthöheren Stufe des Lebens und als wichtigstes Unterscheidungsmerkmal zwischen Lebewesen und Pflanzen allen Lebewesen eigen ist, ist die Ausdehnung nach vorn und hinten gekoppelt (b 8–13). Die Dimension Rechts–Links ist dagegen, wenn auch unterschiedlich stark ausgeprägt, denjenigen Lebewesen vorbehalten, die imstande sind, aus sich heraus eine Ortsveränderung vorzunehmen, da diese Bewegung von der rechten Körperseite ihren Ausgang nimmt und infolgedessen eine Unterscheidung zwischen der rechten und der linken Seite erforderlich macht. Wie andere Systematisierungsversuche des Ar. (z. B. die Klassifizierung der Lebewesen nach der Anzahl der Füße oder nach den verschiedenen Arten des Gebärens) krankt allerdings auch dieses Einteilungsschema daran, daß es nur mit Einschränkungen anwendbar ist, wie Ar. selbst zugestehen muß, so wenn er nur wenig später (Kap. 5, 706 a 33–b 2) schreibt, daß bei den Mollusken und Schnecken mit gewundener Schale das Vorn und Hinten in dieselbe Richtung weisen (s. auch De part. anim. IV 9, 684 b 12–685 a 3), oder wenn es ihm am Schluß unserer Abhandlung (Kap. 19, 714 b 8 f.) nur auf Umwegen gelingt, die Differenzierung zwischen der rechten und der linken Seite bei den Schaltieren glaubhaft zu machen (vgl. unten S. 143 den Komm. zu S. 89,14 f.).

71,16 f. (a 27 f.) „das Oben – das Links". Die im Oben, Vorn und Rechts bestehenden Ausdehnungen hält Ar. für wertvoller als ihre jeweiligen Entsprechungen, das Unten, Hinten und Links, da sie Ausgangspunkte (*ἀρχαί*) darstellen, sowohl die der drei Dimensionen als auch die der im Wachstum, in der Ortsveränderung und in der Sinneswahrnehmung bestehenden Bewegungsformen: Oben ist zugleich der Ausgangspunkt der Länge und des Wachstums, Rechts der der Breite und der Ortsveränderung und Vorn der der Tiefe und der Sinneswahrnehmung (vgl. 705 a 32–b 2; b 12 f.; b 18–20; De caelo II 2, 284 b 20–30; vgl. dazu Lloyd, Right and left, 61).

71,17–33 (a 28–b 8) Die hier vertretene Auffassung, daß von den sechs möglichen Dimensionen die Ausdehnung nach oben und nach unten bei allen lebenden Organismen (*τὰ ζῶντα*, im Unterschied zu den *ζῷα*, die nicht nur Leben haben, sondern gleichzeitig auch Lebewesen sind; s. b 8 f.; vgl. auch De part. anim. IV 5, 681 a 12 f.; De iuv. 1, 467 b 18–25. 27; De an. II 2, 413 b 1f.; Phys. VIII 7, 261 a 15–17) anzutreffen ist, d. h. auch bei den Pflanzen, bei denen das Oben und Unten allerdings der Lage nach miteinander vertauscht sind (b 3f.), da bei ihnen die Wurzeln die Funktion der Nahrungsaufnahme und ihrer Verteilung zu erfüllen haben und deshalb das analoge Organ zum Mund darstellen (b 6–8), findet sich auch sonst in den Schriften des Ar. (s. z. B. De caelo II 2, 285 a 16–18; De an. II 1. 4, 412 b 3f.; 416 a 4; De long. 6, 467 b 2f.; De iuv. 1, 468 a 4–12; De part. anim. IV 7. 10, 683 b 18–21; 686 b 34–687 a 1; De gen. anim. II 6, 741 b 34–37). Im Unterschied zu der in diesem Zusammenhang konstatierten Entsprechung Wurzeln–Mund vergleicht Ar. De part. anim. II 3, 650 a 14–31 und IV 4, 678 a 6–15 die Blutgefäße im Mesenterium mit Wurzeln, da ihre Funktion ebenso wie die der Wurzeln darin besteht, bereits verdaute Nahrung (das Blut) aufzunehmen und weiterzuleiten. Er erläutert dies durch den Hinweis darauf, daß die Pflanzen mit ihren Wurzeln aus der Erde, die für sie die Verdauungsfunktion des Magens erfüllt, bereits verdaute Nahrung aufnehmen. Wenn Ar. hier ähnlich wie De gen. anim. II 4, 740 a 25–35 und II 7, 745 b 25–30, wo die Nahrungsaufnahme beim Embryo durch die den Nabelstrang bildenden Adern aus der ihn umgebenden Gebärmutter ebenfalls mit der Nahrungsaufnahme der Pflanzen durch die Wurzeln aus dem Erdreich verglichen wird, den Vergleich Adern–Wurzeln dazu benutzt, die Funktion bestimmter Adern anschaulich zu machen, so berührt das in keiner Weise seine generelle Feststellung, daß bei den Pflanzen Oben und Unten voneinander geschieden und die Wurzeln als Ausgangspunkt der Ernährung und des Wachstums als oberer Teil der Pflanzen anzusprechen sind; und damit ist auch der Argumentation von Kraak (251–262) die entscheidende Grundlage entzogen, der auf Grund des Vergleichs Adern – Wurzeln in De gen. anim. und De part. anim. eine durch die embryologischen Forschungen des Ar. bedingte Entwicklung in dessen pflanzenphysiologischen Vorstellungen nachweisen zu können glaubte, in deren Verlauf der Stagirite seine ursprüngliche These von der Differenzierung des Oben und Unten bei den Pflanzen aufgegeben habe und statt dessen zu der Ansicht gelangt sei, daß die Pflanze mit der sie umgebenden Erde eine dem Lebewesen vergleichbare Einheit darstellt.

71,21 (a 31f.) „zur Erde und zum Himmel". Zum Verhältnis des Oben zu Erde und Himmel, d. h. zum All (vgl. b 4f.), s. Kap. 5, 706 b 3–10.

71,21–24 (a 32–b 1) „Von wo aus – ist unten". Die Nahrung nimmt ihren Weg vom Mund durch die Speiseröhre in den Magen und in die Eingeweide, von wo aus die brauchbaren Bestandteile in Form von Blut den einzelnen Körperteilen zugeführt werden (vgl. De part. anim. II 3, 650 a 8–20), während die unbrauchbaren Rückstände in die unteren Körperteile, in den Unterleib und in die Blase, gelangen (vgl. z. B. De gen. anim. I 18, 725 b 1f.; De part. anim. III 7, 670 a 31f.) und dort ausgeschieden werden. Daß das Wachstum in den oberen Körperpartien seinen Anfang nimmt, hat nach Auffassung des Ar. seinen Grund darin, daß hier die lebenswichtigen Organe, z. B. das Herz und das Gehirn, ihren Sitz haben, die in der Embryonalentwicklung nicht nur als erste entstehen, sondern auch unverhältnismäßig groß werden, während die unteren Teile des Körpers einschließlich der Extremitäten erst mit zunehmendem Alter der Kinder zu ihrer normalen Größe heranwachsen (vgl. Kap. 11, 710 b 13–17; De gen. anim. II 6, 741 b 25–29; 743 b 18–745 a 9).

71,35f. (b 10) „Denn – Sinneswahrnehmung". Die Sinneswahrnehmung ist nach Ar. das entscheidende Kriterium, durch das sich das Lebewesen von der Pflanze unterscheidet und auf Grund dessen es als Lebewesen zu definieren ist; s. z. B. De part. anim. III 4, 666 a 34; De gen. anim. II 1, 732 a 12f.; II 5, 741 a 9; De an. II 2, 413 b 2; De sens. 1, 436 b 10–12.

71,37–39 (b 12f.) „die Seite – vorn". Über die Placierung der Sinnesorgane und die Ausrichtung der einzelnen Wahrnehmungen hat Ar. sich De part. anim. II 10, 656 b 26–32 geäußert. Dort wird allerdings nur von dem Gesichtssinn gesagt, daß er nach vorn gerichtet ist; von dem Geruchssinn heißt es lediglich, daß er seinen Platz zwischen den Augen hat, während in bezug auf die Ohren ausdrücklich vermerkt wird, daß sie in der Mitte des Kopfes sitzen, weil sie nicht nur in gerader Richtung, sondern von allen Seiten den Schall aufnehmen.

72,7 (b 20) „diesem". Das heißt der rechten Seite, der als dem Sitz des Bewegungsursprungs im Bewegungsablauf die führende Rolle zukommt.

72,7f. (b 21) „Diese Erscheinung". Gemeint ist die Differenzierung von Rechts und Links, die Ar. im folgenden Satz bei den Lebewesen mit Extremitäten offensichtlich deswegen als stärker ausgeprägt bezeichnet, weil die parallele Anordnung der Extremitäten die Unterscheidung zwischen der rechten und der linken Körperseite besonders augenfällig macht.

72,9 (b 23f.) „die erwähnte Veränderung". Das heißt die Ortsveränderung.

72,11f. (b 23) „einem anderen entsprechenden Organ". Den Füßen (bzw. Beinen) und Flügeln auf Grund ihrer Funktion vergleichbare Organe sind die Flossen bei den Fischen; vgl. Kap. 15, 713 a 9f. und Kap. 18, 714 b 3–7.

72,15 (b 26) „Trennung". Unter der „Trennung" ist die Differenzierung zwischen der rechten und der linken Körperseite zu verstehen; s. Kap. 7, 707 b 7–17.

72,18 (b 28) „Erddärme". Auf die sogenannten Erddärme (*γῆς ἔντερα*) kommt Ar. weiter unten (Kap. 9, 709 a 28) noch einmal zu sprechen, wo er sie als Vertreter der Tiere ohne Füße anführt, die sich mit Hilfe spiralförmiger Kontraktionen (*ἰλύσπασις*) fortbewegen. Darüber hinaus werden sie von ihm noch zweimal im Zusammenhang mit der Fortpflanzung der Aale erwähnt (Hist. anim. VI 16, 570 a 15–23 und De gen. anim. III 11, 762 b 26–28), da er die Auffassung vertrat, daß die Erddärme eine Art Larven sind, aus denen die jungen Aale herausschlüpfen. Die Erddärme ihrerseits entstünden dagegen von selbst im Schlamm und in feuchter Erde und lebten im Meer an Stellen, wo es viel Tang gibt, oder an den Rändern von Flüssen und Seen. Auf Grund dieser Angaben, die – zumindest was die Entstehung der Erddärme betrifft – einer realen Grundlage entbehren, ist eine gesicherte Identifizierung der „Erddärme" kaum möglich, so daß ihre Gleichsetzung mit Regenwürmern (so die Übersetzung bei Forster in der Loeb-Ausgabe von De inc. anim. und bei Louis in seiner zweisprachigen Ausgabe von De gen. anim. sowie die von Aubert u. Wimmer zu De gen. anim. III 11 und von Louis zu De inc. anim. 4 jeweils in der Anm. gebotene Identifizierung) ebenso fraglich bleiben muß wie die mit einem Vertreter der Gordiiden (Saitenwürmern) bei Peck in der Loeb-Ausgabe von De gen. anim. und auch die mit der Brut der Aale, wie sie von D'Arcy W. Thompson, Die Naturwissenschaft des Aristoteles, in: Die Naturphilosophie des Aristoteles, hrsg. von G. A. Seeck, Darmstadt 1975 (Wege der Forschung, Bd. 225), 15f., nahegelegt wurde.

72,21–38 (b 29–706 a 9) Die hier angeführten Beispiele aus dem Alltagsleben, die dem Nachweis dienen sollen, daß der rechten Körperseite im Bewegungsablauf die aktive Rolle zufällt, dürften, was das Tragen von Lasten auf der linken Seite und das Hüpfen mit dem linken Bein betrifft, in dieser Generalisierung kaum der Realität entsprochen haben, sagt Ar. doch wenig später (706 a 21f.) selbst, die rechte Körperseite des Menschen sei besonders geschickt, und deshalb ist sie auch, wie wir hinzufügen dürfen, infolge der stärkeren Beanspruchung kräftiger und wurde aus diesem Grund zum Tragen von Lasten ebenso wie beim Hüpfen auf einem Bein sicher auch zur Zeit des Ar. häufiger in Anspruch genommen als die linke Seite. Was schließlich die Schutzhaltungen angeht, so ist die Beobachtung zwar richtig, daß zumindest die Mehrzahl der Menschen sich instinktiv mit dem linken Arm schützt und mit dem rechten verteidigt, der Grund dafür besteht aber wiederum darin, daß die Menschen im allgemeinen Rechtshänder sind und deshalb den schwächeren linken Arm zum Schutz, den stärkeren rechten dagegen zur Verteidigung gebrauchen.

73,2 (706 a 14) „nach rechts orientiert". *δεξιά* ist hier im Sinne von rechtsseitig zu verstehen (vgl. a 17), d. h., daß bei den Schnecken mit gewundenen Schalen die rechte Seite ebenso wie bei den anderen Lebewesen eine Vorrangstellung gegenüber der linken hat.

73,2–4 (a 14f.) „Sie bewegen sich – vorwärts". Bei den in der Regel rechtsgewundenen Schneckenhäusern verläuft die Bewegung der Spirale von links nach rechts, die Bewegung der Schnecken dagegen hat ihren Ausgangspunkt auf der rechten Seite, d. h., sie verläuft von rechts nach links.

73,7 (a 17) „aus sich selbst heraus in derselben Richtung". Nach Ansicht des Ar. sind alle Lebewesen von Natur aus so eingerichtet, daß sie sich zunächst mit der rechten Seite vorwärts bewegen und mit der linken Seite die rechts ausgelöste Bewegung gleichsam nur nachvollziehen. Vgl. dazu 705 b 20f., wo davon die Rede war, daß es in der Natur der linken Seite liegt, der rechten zu folgen.

73,9–12 (a 18–20) „die Menschen – befinden". Dem Menschen als dem vollkommensten Lebewesen oder, wie es hier formuliert ist, als dem Lebewesen, das sich „am meisten in Übereinstimmung mit der Natur" befindet, konzediert Ar., daß sich bei ihm die linke Seite „verselbständigt" hat, mit anderen Worten, daß bei ihm die linke Seite in ihrer Bewegungsfähigkeit von der rechten Seite weitgehend unabhängig ist. Dieses Zugeständnis, zu dem Ar. sich durch die tatsächlichen Gegebenheiten genötigt gesehen haben dürfte, steht im offenen Widerspruch zu seiner Theorie, daß jede Bewegung von der rechten Seite ausgeht. Um sie nicht ad absurdum zu führen, scheint er den Widerspruch aber nicht einmal sich selbst gegenüber eingestanden zu haben, und so geht auch die folgende Begründung, die er für die relative Selbständigkeit der linken Seite beim Menschen gibt (a 20–24), nämlich daß die beim Menschen besonders auffällige Geschicklichkeit der rechten Seite eine stärkere Differenzierung zwischen Rechts und Links erfordert, an dem eigentlichen Kern des Problems vorbei.

73,13f. (a 21f.) „ist ... die rechte Seite ... besonders geschickt". Im Griechischen handelt es sich um ein Wortspiel: *τὰ δεξιὰ ... μάλιστα δεξιά ἐστι*, dessen Ar. sich hier mit einem feinen Gespür für sprachliche Ausdrucksmöglichkeiten bedient hat, lieferte doch der übertragene Gebrauch des Wortes *δεξιός* (= geschickt) den schlagendsten Beweis für seine Theorie von der Überlegenheit der rechten über die linke Körperseite.

73,16–18 (a 24–26) „Aber auch die anderen Ausgangspunkte – differenziert". Die im Oben und Vorn bestehenden Ausgangspunkte sind beim Menschen deswegen in besonderem Maße naturgemäß, weil bei ihm infolge seiner aufrechten Haltung der Kopf als oberster Körperteil nach oben und die vorderen Körperpartien (Gesicht, Brust und Bauch) nach vorn gerichtet sind (vgl. Kap. 5, 706 b 9f.).

Kapitel 5

Ebenso wie die rechte Seite sind auch die Dimensionen des Oben und Vorn bei den verschiedenen Lebewesen unterschiedlich differenziert. Voneinander unterschieden sind das Oben und das Vorn nur bei den Lebewesen mit zwei Füßen, da sie auf Grund ihrer aufrechten Körperhaltung das Oben auf das Oben des Alls gerichtet haben. Bei den übrigen Lebewesen dagegen, die vier, viele oder auch gar keine Füße haben, fallen das Oben und Vorn zusammen, denn in Ermangelung einer aufrechten Körperhaltung haben sie das Oben auf die Mitte des Alls gerichtet, d. h., das Oben zeigt bei ihnen nicht die Richtung nach oben, sondern nach vorn an.

73,21 (a 28) „den vier Punkten". Siehe oben S. 101 f. den Komm. zu S. 69,10.

73,22f. (a 29f.) „bei denen – weisen". Wenn Ar. feststellt, daß bei den Tieren, die keinen aufrechten Gang haben, d. h. die sich mit vier und mehr Füßen oder auch ohne Füße vorwärts bewegen, das Oben in dieselbe Richtung weist wie das Vorn, das durch die Sinneswahrnehmung, besonders den Gesichtssinn, bestimmt ist, so ist damit nicht das Problem des Vorhandenseins der beiden Dimensionen bei ihnen berührt. Denn für deren Bestimmung ist nicht allein, wie Ar. oben (Kap. 4, 705 a 31f.) ausgeführt hat, ihre jeweilige Lage, sondern in erster Linie ihre jeweilige Funktion, die Nahrungsaufnahme und die Sinneswahrnehmungen, ausschlaggebend, und diese sind bei allen Lebewesen gleichermaßen gegeben.

73,24–27 (a 31–33) „Als Fuß bezeichne ich – bekommen zu haben". Louis hat in seiner Ausgabe (Anm. zur Stelle) darauf hingewiesen, daß dieser Satz in Parenthese zu setzen ist. Er unterbricht in der Tat den Gedankengang, und man fragt sich, warum Ar. seine Begriffsbestimmung des Wortes *πούς* (Fuß), wenn er mit ihr von dem allgemeinen Sprachgebrauch abzuweichen glaubte und sie deshalb für erforderlich hielt, erst an dieser Stelle bringt, an der das Wort, zumal wie hier (a 30f.) in den Zusammensetzungen τετράπους, πολύπους und ἄπους, keineswegs zum erstenmal begegnet. Als Begründung für seine Definition des Wortes πούς führt Ar. an, daß das Wort πόδες (Füße) von dem Wort πέδον (Erdboden) abgeleitet zu sein scheint (etymologisch leitet sich πέδον von πούς her – und nicht umgekehrt, wie Ar. glaubte; vgl. Frisk, s. v. πούς).

73,27–31 (a 33–b 2) „Bei einigen Tieren – gesprochen worden". Seine Auffassung, daß das Vorn und Hinten bei den Weichtieren und bei den Schnecken mit gewundenen Schalen in dieselbe Richtung weisen, hat Ar. De part. anim. IV 9, 684 b 12–685 a 3 ausführlich dargelegt. Es heißt dort, daß bei diesen Tieren die hintere Partie nach vorn umgeklappt ist, und zwar so weit, daß sich der hintere Abschluß mit dem äußersten vorderen Ende auf einer Linie befindet.

73,34 (b 4f.) „die Tiere – Mitte". Da Kopf und Rumpf bei den genannten Tieren eine Horizontale bilden, weist das Oben bei ihnen auf die mittlere Region, d. h. auf die Mitte zwischen Himmel und Erde (vgl. 706 b 7–9).

73,35 (b 5f.) „auf das Unten". Das heißt auf die Erde. Zur Vertauschung des Oben und Unten bei den Pflanzen s. Kap. 4, 705 b 2–8 und S. 107 f. den Komm. zu S. 71,17–33.

73,40–74,1 (b 9f.) „die Lebewesen – Füßen". Der ausdrückliche Hinweis, daß die für die Lebewesen mit zwei Füßen, d. h. für Menschen und Vögel, konstatierte aufrechte Haltung und Ausrichtung des Oben auf das Oben des Alls beim Menschen am stärksten ausgeprägt ist, erfolgt nicht ohne Grund. Denn weiter unten (Kap. 11, 710 b 30–711 a 1) kommt Ar. zu dem Schluß, daß es auf Grund des anatomischen Baus des Körpers der Vögel unmöglich ist, daß diese eine der des Menschen vergleichbare aufrechte Haltung haben. Das entspricht der auch sonst von ihm vertretenen Auffassung, daß allein der Mensch als das vollkommenste Lebewesen (vgl. oben S. 110 f. den Komm. zu S. 73,9–12) eine aufrechte Haltung hat und daß allein bei ihm das Oben auf das Oben des Alls gerichtet ist. Während er jedoch in der vorliegenden Schrift die aufrechte Haltung des Menschen mit dessen Körperbau in Verbindung bringt (s. Kap. 11, 710 b 5–11), führt er sie in De part. anim. und De respir. primär auf physiologische Gegebenheiten (besonderen Blutreichtum und große Wärme in der Gegend von Herz und Lunge, die das Wachstum der oberen Körperpartien begünstigen) zurück (s. De part. anim. II 7, 653 a 29–32; III 6, 669 b 3–5; De respir. 13, 477 a 18–23).

74,1f. (b 11) „befinden sich – (Körper)teilen". Gemeint sind der Ausgangspunkt der Ortsbewegung mit Sitz auf der rechten Seite des Körpers, der der Nahrungsaufnahme und des Wachstums, der mit dem Oben des Körpers gekoppelt ist, sowie der der Sinneswahrnehmung, der die Vorderseite des Körpers bestimmt (vgl. Kap. 4, 705 a 32–b 2; 705 b 12f.; 705 b 18–20; 706 a 12f.; De caelo II 2, 284 b 27–30).

74,2–4 (b 12f.) „denn der Ausgangspunkt – Links". Die Ansicht, daß von den Gegensatzpaaren Oben–Unten, Vorn–Hinten und Rechts–Links jeweils ein Glied, das Oben, Vorn und Rechts, Träger eines Ausgangspunktes und deshalb wertvoller ist als sein Gegenstück (vgl. auch De part. anim. III

3, 665 a 22–26), stellte einen wichtigen theoretischen Grundsatz in der biologischen Forschung des Ar. dar, von dem er sich auch bei der Darstellung und Erklärung anatomischer Sachverhalte leiten ließ, so z. B. De part. anim. III 5, 667 b 34–668 a 4, wo er die von ihm angenommene Vorrangstellung der Vena cava gegenüber der Aorta damit begründet, daß die Vena cava in der wertvolleren vorderen Körperregion liegt, während die Aorta im weniger wertvollen rückwärtigen Bereich verläuft (nach dem tatsächlichen anatomischen Befund liegen beide Gefäße auf einer Ebene nebeneinander), oder ebd. III 9, 671 b 28–32, wo er die an Tieren beobachtete Erscheinung, daß die rechte Niere höher, d. h. mehr brustwärts, liegt als die linke, mit dem von ihm auf der rechten Körperseite lokalisierten Bewegungsursprung in Verbindung bringt (vgl. dazu Lloyd, Polarity, 52–55 u. 72f.).

Kapitel 6 und 7

In diesen beiden Kapiteln geht es Ar. um den schwierigen Nachweis, daß sich alle blutführenden Tiere mit vier Punkten bewegen. Die Voraussetzung dafür, daß sich das Lebewesen als Ganzes bewegen kann, während einer seiner Teile unbewegt bleibt, sieht Ar. darin gegeben, daß die jeweils durch entgegengesetzte Bewegungen charakterisierten rechten und linken, oberen und unteren, vorderen und hinteren Teile dort, wo sie aufeinandertreffen, einen gemeinsamen Ausgangspunkt der Bewegung haben, von dem aus die unterschiedlichen Bewegungsabläufe koordiniert werden. Da es, wie Ar. einschränkend hinzufügt, bei den Lebewesen im Hinblick auf die Bewegung eine Trennung zwischen Vorn und Hinten nicht gibt, ist mit der verbleibenden Differenzierung in Rechts und Links sowie in Oben und Unten die Zahl der für die Bewegung erforderlichen Punkte bei den blutführenden Tieren mit zwei bzw. vier vorgegeben. Mit vier Punkten müssen sich daher auch die blutführenden Tiere ohne Füße bewegen, bei denen die erforderliche Zahl der Bewegungspunkte durch die Krümmungen zustande kommt, vermittels derer sie sich fortbewegen.

74,9 (b 18) „aus dem Gesagten". Siehe Kap. 4, 705 b 18–706 a 26.

74,13 (b 20) „entgegengesetzte Bewegungen". Unter den entgegengesetzten Bewegungen sind hier im Kontext der Ausführungen über die sechs Körperdimensionen die Gegensatzpaare Aufwärts- und Abwärtsbewegung, Rechts- und Linksbewegung, Vorwärts- und Rückwärtsbewegung zu verstehen (vgl. Phys. V 5, 229 b 6–10), für die ebenso wie für alle anderen entgegengesetzten Bewegungen gilt, daß sie sich, wenn sie gleichzeitig stattfinden, gegenseitig behindern und zum Stehen bringen (s. Phys. VIII 8, 262 a 6–12). Damit Bewegung stattfinden kann, muß also, wie Ar. schreibt, jeweils einer der beiden Teile, die entgegengesetzte Bewegungen ausführen, unbewegt bleiben, und um diesen Bewegungsablauf zu sichern, muß es dort, wo die beiden entgegengesetzte Bewegungen ausführenden Teile zusammengewachsen sind, eine für beide Teile gemeinsam zuständige Zentrale geben, die Ausgangspunkt sowohl für die Bewegung des einen als auch für das Stillstehen des anderen Teils ist. Zum Sitz dieser Zentrale s. unten S. 114 den Komm. zu S. 74,38–40.

74,17f. (b 23f.) „allen erwähnten Gegensätzen". Es handelt sich um die Gegensätze rechts–links, oben–unten, vorn–hinten (s. Kap. 2, 704 b 19–22).

74,25f. (b 29f.) „weil es – gibt". Dieser Feststellung widerspricht nicht, wie Louis, Anm. zur Stelle, zu glauben scheint, wenn Ar. Hist. anim. I 5, 490 a 2f. erwähnt, daß die Schaltiere, wie z. B. die Langusten, die größte Schnelligkeit erreichen, wenn sie sich in Richtung Schwanz, d. h. nach hinten, bewegen, da er von den Langusten an anderer Stelle (Hist. anim. VIII 2, 590 b 25–28) ausdrücklich sagt, daß sie sich *κατὰ φύσιν*, d. h., wenn sie sich naturgemäß verhalten, nach vorn bewegen, während die Rückwärtsbewegung nur dann erfolgt, wenn sie in Furcht geraten.

74,32f. (707 a 2f.) „durch die übrigen (Unterscheidungen)". Das heißt durch die Unterscheidung von Rechts und Links sowie die Unterscheidung von Oben und Unten.

74,35 (a 5) „die andere". Die Unterscheidung von Oben und Unten. – „zum erstenmal". Unsere Übersetzung folgt hier einer Korrektur von Platt (On Aristotle, 39), der das handschriftlich überlieferte *πρώτοις*, das in dieser Form interpretatorische Schwierigkeiten bereitet und leicht durch Angleichung an das voraufgehende *τοῖς τέτταρσι* entstanden sein kann, in *πρῶτον* geändert hat.

74,38–40 (a 7f.) „denselben gemeinsamen Ausgangspunkt – maßgebenden Ausgangspunkt". Mit dem Problem des zentralen Bewegungsursprungs hat Ar. sich in De mot. anim. (Kap. 8–10, 702 a 21–703 b 2) ausführlich beschäftigt. Nach den Vorstellungen, die er dort entwickelt hat, ist der zentrale Ursprung die bewegende Seele, die in der Körpermitte, genauer gesagt, im Herzen ihren Sitz hat und von dort aus alle Bewegungen steuert, indem sie das angeborene Pneuma als Werkzeug benutzt, das die Fähigkeit besitzt, sich zusammenzuziehen und auszudehnen, und auf diese Weise die von der Seele ausgehenden Bewegungsimpulse an die Körperteile weiterleitet (vgl. auch den folgenden Komm. zu S. 74,42–75,2).

74,42–75,2 (a 9–11) „die Ursache – Ausgangspunkten". Die Ursache für alle genannten Bewegungen, d. h. die Ursache sowohl für die Bewegungen der rechten und linken als auch für die der oberen und unteren Körperteile, ist der zuvor erwähnte gemeinsame Bewegungsursprung (die bewegende Seele, vgl. den vorhergehenden Komm.), von dem alle diese Bewegungen in gleicher Weise gesteuert werden. Die Angaben, die Ar. an der vorliegenden Stelle zu diesem Bewegungsursprung macht, sind recht vage: Er sei „abgegrenzt" und „einer bestimmten Ordnung" unterworfen, die sich aus seinem Abstand zu den erwähnten Ausgangspunkten (den Ausgangspunkten für die Bewegung in den oberen und unteren sowie rechten und linken Körperteilen) ergibt, und er sei in jedem Lebewesen dort lokalisiert, wo er sich zu eben diesen Ausgangspunkten „ähnlich" verhält (a 15f.). Was wir im einzelnen darunter zu verstehen haben, erfahren wir wiederum in De mot. anim. Dort hat Ar. zunächst einmal gezeigt, daß der gemeinsame Bewegungsursprung im Unterschied zu den anderen Ausgangspunkten weder in den oberen und unteren noch in den rechten und linken Körperteilen, sondern in der Mitte des Körpers, d. h. in einem gegenüber den genannten Teilen und damit auch gegenüber den in diesen lokalisierten Ausgangspunkten abgegrenzten Bezirk seinen Sitz hat (s. De mot. anim. 8 u. 9, 702 a 21–b 16). Darüber hinaus hat er mit seiner Definition der Mitte als der äußersten Begrenzung für jeweils zwei Extreme (oben–unten, rechts–links), die er in diesem Zusammenhang anführt, aber auch deutlich gemacht, daß die Relation Extrem–Mitte die entscheidende Ordnungsgröße ist, der der zentrale Bewegungsursprung unterworfen ist, und daß er von dieser Relation ausgeht, wenn er davon spricht, daß sich die Mitte bzw. der in der Mitte lokalisierte Bewegungsursprung zu den von oben, unten, rechts und links ausgehenden Bewegungen und deren Ausgangspunkten „ähnlich" verhält (vgl. ebd. 9, 702 b 16–20 und oben S. 56 die Komm. zu S. 19,35 f. u. 19,36–40).

75,2–4 (a 10–12) „zu den – angeordnet sind". Die Ausgangspunkte, von denen hier die Rede ist, sind die Ausgangspunkte des Rechts und Links sowie die des Oben und Unten, die entsprechend der jeweiligen Dimension entweder parallel, d. h. in den Teilen auf der rechten und linken Körperseite, oder in einer Reihe, d. h. auf jeweils einer Körperseite oben und unten (bzw. vorn und hinten, soweit es die Vierfüßer betrifft), angeordnet sind.

75,9 (a 16) Die „genannten" Teile sind die oberen, unteren, rechten und linken Körperteile.

75,10–12 (a 16–19) „daß die Ortsbewegung – ausführen". Wenn man nicht annehmen will, daß Ar. seiner zuvor entwickelten Theorie zuliebe den tatsächlichen Gegebenheiten in so offenkundiger Weise widerspricht, sehe ich die einzig plausible Erklärung für die Feststellung, Ortsbewegung gebe es „allein oder vor allem" bei den Lebewesen, die sich mit zwei oder vier Punkten bewegen, d. h. bei den blutführenden Lebewesen (vgl. a 19–23), darin, daß er sich dabei von dem Gedanken bestimmen ließ, daß zu den blutlosen Tieren auch solche gehören, die nicht in der Lage sind, ihren Standort zu wechseln (z. B. Steckmuscheln, Scheidenmuscheln, Seeanemonen und Seescheiden; vgl. unten S. 143f. den Komm. zu S. 89,21–24), auch wenn dies nur ganz vereinzelt der Fall ist.

75,12 (a 18) „mit zwei oder vier Punkten". Im Unterschied zu Hist. anim. I 5, 490 a 27f., wo Ar. speziell den Menschen als Beispiel dafür anführt, daß sich die blutführenden Lebewesen mit vier Punkten (im Falle des Menschen mit zwei Händen und zwei Füßen) bewegen (vgl. auch De inc. anim. 1, 704 a 11), scheint an unserer Stelle der Mensch den Ausschlag gegeben zu haben, daß im Hinblick auf die blutführenden Tiere auch von Ortsbewegung mit nur zwei Punkten die Rede ist. Ihre Bestätigung findet diese Annahme zu Beginn von Kap. 10, 709 b 22f. u. 25f. Dort sagt Ar., seine These, daß sich alle blutführenden Tiere mit vier Punkten bewegen, sei so zu verstehen, daß diese sich nicht mit mehr als vier Punkten bewegen (s. auch 707 a 20f.), d. h., er schließt die Möglichkeit, daß sich zweibeinige Lebewesen mit zwei Punkten bewegen, zumindest nicht ganz aus, läßt sie dann aber doch nur beim Menschen gelten, allerdings mit der Einschränkung, daß der Mensch beim Gehen „in gewissem Maße" (τι) auch die Schultern bewegt.

75,27 (a 30f.) „die sogenannten – Insekten". Die Skolopender, Tausendfüßer (Myriapoden), die Ar. zu den ungeflügelten Insekten zählt, werden auch

Hist. anim. IV 7, 532 a 1–5 als Beispiel für langgestreckte Insekten angeführt, deren Teile in gleicher Weise lebensfähig sind wie das ungeteilte Tier (vgl. auch De respir. 3, 471 b 20–23) und sich auch in gleicher Weise bewegen können. De part. anim. IV 5, 682 a 5 nennt Ar. noch einen weiteren Vertreter der Insekten mit langem Körper, deren Segmente lebensfähig sind, die *ἰουλώδη*, die ebenso wie die Skolopender zu den Tausendfüßern gehören.

75,31 f. (b 2f.) „als ob – wäre". Worum es Ar. geht, wenn er hier davon spricht, daß langgestreckte Insekten wie die Tausendfüßer gleichsam aus einer Vielzahl von „Tieren" zusammengesetzt sind, erfahren wir in De part. anim. IV 5, 682 a 4–8. Bei Insekten dieser Art – so lesen wir dort – hat die Natur, abweichend von der Regel, nicht nur eine Stelle, nämlich die Körpermitte, als Sitz für das Wahrnehmungsvermögen, das Kennzeichen animalischen Lebens, vorgesehen, sondern mehrere Stellen. Mit anderen Worten, bei ihnen ist jeder einzelne Körperabschnitt wie ein Lebewesen mit der für die Steuerung der lebenswichtigen Körperfunktionen zuständigen Zentrale ausgestattet und auf diese Weise imstande, nach seiner Abtrennung von dem Gesamtorganismus ein eigenständiges Dasein zu führen.

75,36 f. (b 7) „alle die blutführenden Tiere, die keine Füße haben". Die blutführenden Tiere ohne Füße sind die Schlangen.

75,39 (b 9) „zwei Krümmungen". Die beiden Krümmungen, von denen Ar. hier spricht, kommen dadurch zustande, daß die Schlangen sich horizontal (vgl. Kap. 9, 709 a 25f.), d. h. abwechselnd nach rechts und nach links, krümmen.

75,40–76,3 (b 9–14) „denn das Vorn – weiter hinten". Das Vorn und das Hinten sind mit „in dem Teil zum Kopf hin" und „in dem Teil zum Schwanz hin" nur sehr vage bestimmt. Mit einiger Sicherheit kann man annehmen, daß die beiden vorderen Punkte (der rechte und der linke) nach den Vorstellungen des Ar. unmittelbar hinter dem Kopf liegen, nämlich dort, wo der Rumpf, die bewegliche Partie des Schlangenkörpers, beginnt. Fraglich erscheint dagegen, wo die beiden hinteren Punkte lokalisiert zu denken sind. Daß sie analog zu den Hinterbeinen der Vierfüßer am Ende des Rumpfes zu suchen sind, ist unwahrscheinlich, weil dort keine Bewegung mehr möglich ist. Bliebe noch die Möglichkeit, daß die beiden hinteren Punkte das Ende der ersten und damit zugleich den Anfang der anschließenden zweiten Krümmung markieren, die zur entgegengesetzten Seite gerichtet ist. Aber auch diese Variante, die insofern den Vorzug verdient, als bei ihr die Voraussetzung dafür gegeben ist, daß die Bewegung der hinteren Punkte der der vorderen Punkte entspricht (vgl. dazu auch den Kommentar von Michael Ephesius, CAG XXII 2, 150,9–25), ist nicht restlos überzeugend. Denn der Schlangenkörper weist innerhalb einer Bewegungsphase mehrere Krümmungen auf, die zudem an Zahl und Größe der jeweiligen Bögen, die sie beschreiben, variieren können, so daß die Setzung eines weiteren Fixpunktes im hinteren Abschnitt des Schlangenkörpers notwendigerweise willkürlich bleiben muß.

Bei seiner Überlegung, daß es bei den Schlangen nicht nur zwei, sondern vier Bewegungspunkte gibt, scheint Ar. davon ausgegangen zu sein, daß die Außenseite der jeweiligen Krümmung (die Wölbung) länger ist als die Innenseite (die Höhlung), so daß sowohl aus dem einen vorderen als auch aus dem einen hinteren Punkt jeweils gleichsam zwei Punkte werden: So ist bei der Krümmung nach links, bei der die rechte Seite der gekrümmten Körperpartie länger ist als die linke, jeweils der rechte Punkt gegenüber dem linken nach vorn verschoben, bei der Krümmung nach rechts dagegen, bei der die linke Seite länger ist als die rechte, ist es der linke Punkt, der gegenüber dem rechten nach vorn verschoben ist.

76,4–6 (b 15–17) „auch bei ihnen – der Fall ist". Daß die Schlangen zu den Tieren gehören, bei denen die Differenzierung zwischen der rechten und der linken Seite weniger stark ausgeprägt ist und demzufolge auch die führende Rolle der rechten Seite im Bewegungsablauf weniger in Erscheinung tritt, hatte Ar. bereits weiter oben (Kap. 4, 705 b 25–29) festgestellt.

76,7–15 (b 18–23) „denn ebenso wie – Wölbung". Die von Ar. angeführte Beobachtung, daß große Menschen häufig vornübergeneigt gehen, ist kaum dazu geeignet, eine ausreichende Erklärung für seine Behauptung abzugeben, daß die Schlangen sich auf Grund ihrer Länge mit Hilfe von Krümmungen fortbewegen. Denn hier werden zwei Sachverhalte miteinander verglichen, die aus zweierlei Gründen nicht miteinander vergleichbar sind: Erstens dienen die Krümmungen bei den Schlangen als Mittel der Fortbewegung, während es sich bei der gebeugten Haltung der Menschen um Haltungsfehler handelt, die nichts mit dem Bewegungsmechanismus beim Gehen zu tun haben, und zweitens krümmen sich die Schlangen, wie schon erwähnt (s. oben S. 116 den Komm. zu S. 75,39), horizontal, die Menschen dagegen beugen sich von oben nach unten, d. h. in der Vertikalen.

In ähnlicher Weise beruht auch der anschließende Beweis für die Gleichartigkeit des Bewegungsablaufs bei Schlangen und Vierfüßern, die Ar. darin gegeben sieht, daß sowohl diese wie jene im Zusammenhang mit der Fortbewegung abwechselnd eine Höhlung und eine Wölbung bilden, auf einer nur sehr oberflächlichen Analogiesetzung. So grundlegende Unterschiede wie die Tatsache, daß bei der Schlange Höhlung und Wölbung durch die seitliche Krümmung des Rumpfes entstehen und der Wechsel von Höhlung und Wölbung, wie er hier dargestellt ist, jeweils zwei Bewegungsphasen, eine Krümmung nach links und eine nach rechts bzw. umgekehrt, voraussetzt (s. oben S. 116f. den Komm. zu S. 75,40–76,3), bei den Vierfüßern dagegen Höhlung und Wölbung von den Extremitäten in der Vertikalebene gebildet werden und der Wechsel von Höhlung und Wölbung gleichzeitig an einer Extremität gegeben ist (vgl. Kap. 13, 712 a 13–18), bleiben dabei völlig außer Betracht.

76,16 (b 23f.) „Wenn . . . der linke Punkt seinerseits . . .". Diese Formulierung wird verständlich, wenn man der Aristotelischen Theorie vom Ausgangspunkt der Bewegung auf der rechten Körperseite entsprechend stillschweigend voraussetzt, daß der vom linken vorderen Punkt angeführten Bewegung, d. h. der Krümmung nach rechts, bei der sich die Wölbung auf der linken und die Höhlung auf der rechten Seite bildet, schon eine Bewegung unter Führung des rechten vorderen Punktes, nämlich die Krümmung nach links, vorausgegangen ist, bei der umgekehrt die Wölbung auf der rechten und die Höhlung auf der linken Seite vorhanden ist.

76,18–20 (b 26f.) „Der vordere rechte Punkt – und der rechte *D*". Wie die Figur aussah, für die Ar. die Bezeichnung der Punkte mit *A B C D* eingeführt hat, ist trotz der gegenteiligen Behauptung von Louis (s. Anm. zur Stelle) nur schwer vorstellbar, zumindest wenn man davon ausgeht, daß Ar. mit ihr, wie der Kontext es erfordert, die verschiedenen Bewegungsphasen und die sich daraus ergebende Verschiebung der Punkte (s. oben S. 116f. den Komm. zu S. 75,40–76,3) veranschaulichen wollte.

76,24–26 (b 31–708 a 1) „keine Flosse – dem Erdboden". Ausgehend von der allgemein üblichen paarigen Anordnung der Beine bei Mensch und Tier, hat Ar. bei den Fischen jeweils nur die paarigen Flossen berücksichtigt (vgl. Aubert u. Wimmer, Aristoteles' Thierkunde, Bd. 1, 207, Anm. zu § 26). Daraus erklärt sich auch die dem tatsächlichen Befund widersprechende Angabe, daß die Muräne keine Flossen hat. Das von Ar. postulierte gänzliche Fehlen der Flossen ist in seinen Augen die Ursache dafür, daß sich die Muräne im Meer ebenso bewegt wie die Schlange auf dem Erdboden, nämlich mit Hilfe von Krümmungen.

76,28 (708 a 3) „zwei Flossen". Gemeint sind die Brustflossen. Wie schon zuvor bei den Muränen sind auch hier bei den Meeraalen, Aalen und Meeräschen die unpaarigen Flossen nicht berücksichtigt (vgl. den vorangehenden Komm.).

76,30 (a 5) „Siphai". Stadt in Böotien, am Golf von Korinth gelegen. Die besondere Meeräschenart, die in dem See bei Siphai vorkommt, führt Ar. auch De part. anim. IV 13, 696 a 5 und Hist. anim. II 13, 504 b 31f. als Beispiel für Fische mit nur zwei Flossen an.

76,30–32 (a 5–7) „Und deshalb bewegen sich – auf dem Erdboden". Ar. gesteht den Aalen außerhalb des Wassers eine Lebensdauer von fünf bis sechs Tagen zu (s. Hist. anim. VIII 2, 592 a 13f.). Der Behauptung, daß sich die Aale im Wasser mit weniger Krümmungen bewegen als auf dem festen Land, liegt die Vorstellung zugrunde, daß ihnen anders als bei der Bewegung auf dem Land im Wasser die beiden Brustflossen als Bewegungspunkte dienen, so daß sie ebenso wie die im folgenden genannten Meeräschen (a 7–9) im Wasser mit den Krümmungen nicht vier, sondern nur zwei Bewegungspunkte auszugleichen brauchen (vgl. auch den Kommentar von Michael Ephesius, CAG XXII 2, 151,7–16).

Kapitel 8

Nach der Feststellung, daß Schlangen und andere blutführende Tiere mit einem im Vergleich zur Breite überdimensional langen Körper mit gutem Grund keine Füße haben, weil es für sie bei ihrer Länge unmöglich wäre, sich mit zwei oder vier Füßen ausreichend schnell fortzubewegen, sie als blutführende Tiere aber maximal nur vier Füße haben könnten, setzt Ar. sich mit der Frage auseinander, daß und warum alle Tiere mit Füßen diese in gerader Zahl haben müssen. Lediglich den Vielfüßern gesteht er auch die Möglichkeit der Fortbewegung mit einer ungeraden Zahl von Füßen zu, denn auf Grund der Vielzahl ihrer Füße könnten sie sich auch dann noch mehr oder weniger normal vorwärts bewegen, wenn die notwendige parallele Anordnung der Füße zu beiden Seiten des Körpers durch das Fehlen eines Fußes an einer Stelle unterbrochen ist.

76,36–38 (a 9–11) „daß die Natur – sieht". Zur teleologischen Betrachtungsweise, mit deren Hilfe Ar. hier das Nichtvorhandensein von Extremitäten bei den Schlangen zu erklären versucht, vgl. oben S. 103f. den Komm. zu S. 70,9–12.

76,38f. (a 11f.) „das besondere Wesen – Sein". Die gleichzeitige Erwähnung von „Wesen" (*οὐσία*) und „begrifflichem Sein" (*τὸ τί ἦν εἶναι*) setzt voraus, daß beide Ausdrücke inhaltlich voneinander zu trennen sind. Der Unterschied besteht darin, daß *οὐσία* sich auf das konkret existierende Individuum bezieht, während es sich bei *τὸ τί ἦν εἶναι* um einen logischen Terminus handelt, der die Definition eines Individuums als eines Vertreters einer Gattung zum Inhalt hat. Vgl. Düring, Aristoteles, 265 u. 612–615; ein Überblick über die Diskussion des vielumstrittenen Terminus *τὸ τί ἦν εἶναι* findet sich bei Bassenge, in dessen Argumentation jedoch nicht der Unterschied zwischen *οὐσία* und *τὸ τί ἦν εἶναι* berücksichtigt ist.

76,40f. (a 12f.) „was zuvor ... gesagt worden ist". Siehe Kap. 7, 707 a 19–23.

77,1f. (a 15f.) „die in – aufweisen". Die Länge des Schlangenkörpers steht in keinem Verhältnis zu dem geringen Körperumfang dieser Tiere, und ebendieses Mißverhältnis ist auch der Grund dafür, daß Ar. ihnen die Fähigkeit abspricht, sich mit vier oder gar mit zwei Füßen mit der erforderlichen Schnelligkeit fortzubewegen (a 18f.).

77,9–11 (a 22–24) „denn – Bewegung". Die Behauptung des Ar., daß man zum Springen keine Füße braucht, gründet sich auf seine Annahme, daß die Bewegung beim Springen nicht mit den Beinen, sondern mit dem ganzen Körper ausgeführt wird (vgl. Kap. 3, 705 a 4f. und oben S. 105 den Komm. zu S. 70,27).

77,13–15 (a 26) „daß das Gehen – ist". Daß Ar. mit *τοῖς μὲν ... τοῖς δ'* (von mir übersetzt „mit Füßen in gerader Zahl ..., mit Füßen in ungerader Zahl dagegen") die Gegenüberstellung von Vielfüßern einerseits und zwei- und vierbeinigen Lebewesen andererseits intendiert habe, wie Michael Ephesius in seinem Kommentar zur Stelle (CAG XXII 2, 151,19–24) anzunehmen scheint (vgl. auch Forster und Louis, jeweils in der Anm. zur Stelle), halte ich nicht für wahrscheinlich. In diesem Satz ist nur von Lebewesen die Rede, die springen und gehen können, d. h. ganz eindeutig nur von zwei- bzw. vierbeinigen Lebewesen, so daß der Sinnzusammenhang des Satzes empfindlich gestört wäre, würde man nur die negative Feststellung (daß sie mit Füßen in gerader Zahl nicht gehen können) und nicht auch die voraufgehende positive Aussage (daß sie mit einer geraden Zahl von Füßen recht gut gehen können) auf diese Lebewesen beziehen.

77,15f. (a 27) „[Deshalb muß – Zahl haben]". Diesen Satz hat Jaeger als Randbemerkung aus dem Text ausgeklammert, mit Recht, wie ich entgegen der Annahme von Louis (s. Anm. zur Stelle) meine, und zwar nicht so sehr deswegen, weil der Satz sachlich nichts Neues enthält, sondern weil er den

Anschluß des folgenden Satzes unterbricht, der mit der Formulierung „eine solche Veränderung" (Z. 16) das „Gehen" (*πορεύεσθαι*) aus dem vorhergehenden Satz (Z. 13) wieder aufnimmt.

77,16 (a 28) „partiell". Im Unterschied zum Springen werden beim Gehen nicht beide bzw. alle vier Beine auf einmal bewegt, sondern jeweils abwechselnd erst das eine und dann das andere Bein bzw. bei den Vierfüßern nacheinander das Vorderbein auf der einen und das Hinterbein auf der gegenüberliegenden Seite, dann das Vorderbein und das Hinterbein der jeweils anderen Seite (zur diagonalen Bewegung der Vierfüßer vgl. oben S. 103 den Komm. zu S. 69,31 f.).

77,20 f. (a 31) „daß es – tut". Während das vierbeinige Lebewesen das rechte Vorderbein und das linke Hinterbein bewegt, bleibt es mit dem linken Vorderbein und dem rechten Hinterbein unbewegt, und umgekehrt bleibt es mit dem rechten Vorderbein und dem linken Hinterbein unbewegt, während es das linke Vorderbein und das rechte Hinterbein bewegt.

77,24–26 (b 1/3) „in dem einen Fall . . ., und in dem anderen". Der erste Fall ist gegeben, wenn das Lebewesen nur ein Bein hat, und der zweite, wenn es drei Beine hat.

77,29 (b 5) „Skolopender". Siehe oben S. 115 f. den Komm. zu S. 75,27.

77,36 (b 10) „[aber nicht ein Gehen]" (*ἀλλ' οὐ βάδισις*). Den Anstoß, den Jaeger an diesen Worten genommen hat, halte ich für berechtigt, da die Tatsache, daß die Tiere den beschädigten Fuß nicht zum Gehen gebrauchen können, für Ar. außer jeder Diskussion steht und schon gar keine Begründung dafür ist, daß das Fehlen eines Fußes durch die große Zahl der übrigen Füße ausgeglichen werden kann.

77,41 (b 15) „zu der einen Seite hin". Die Neigung des Körpers würde zu der Seite hin erfolgen, auf der ein Fuß fehlt.

78,3 f. (b 18 f.) „eine Wiederherstellung derselben Position". Wenn Ar. von der Wiederherstellung der ursprünglichen Position spricht, so schwebt ihm dabei vor, daß das Lebewesen nach jedem Schritt wieder zum Stehen kommt und folglich wieder seine Ausgangsstellung einnimmt (vgl. Kap. 9, 709 a 4–7).

Kapitel 9

Jede Art von Fortbewegung (Gehen, Schwimmen und Fliegen) erfolgt, wie Ar. einleitend schreibt, durch abwechselndes Beugen und Strecken der Gliedmaßen. Dieser Bewegungsablauf wird zunächst an dem Mechanismus des Gehens exemplifiziert: Wenn ein Bein einen Schritt nach vorn macht, muß das parallel zu diesem angeordnete Bein, das unbewegt bleibt und das Körpergewicht trägt, gebeugt werden, damit es kürzer wird und sich in der Höhe dem durch das Vorstrecken des einen Beines verringerten Abstand des Körpers zur Erde angleicht, ohne seine aufrechte, gleichsam rechtwinklige Stellung zum Boden aufzugeben, die verhindert, daß das Lebewesen vornüberfällt. Diese Beinstellung entspricht einem rechtwinkligen Dreieck, in dem das vorgestellte Bein die Hypotenuse und das im Knie gebeugte senkrecht stehende hintere Bein und die den Zwischenraum zwischen den beiden Beinen auf dem Boden beschreibende Linie die Katheten bilden. Anschließend werden die Beine in Spreizstellung gebracht, d. h., das hintere gebeugte Bein wird in schräger Haltung gestreckt, so daß die beiden Beine ein gleichschenkliges Dreieck bilden, über dem sich der Körper senkrecht erhebt, wobei sich der Kopf infolge der Spreizstellung der Beine noch immer in einer tieferen Lage befindet. Zu seiner vollen Größe richtet sich das Lebewesen erst wieder auf, wenn die Beine in ihre Ausgangsstellung zurückkehren. Mit anderen Worten, die Linie, die das Lebewesen beim Gehen mit seinem Kopf beschreibt, verläuft nicht gerade, sondern wellenförmig.

Im zweiten Teil des Kapitels beschäftigt Ar. sich mehr oder weniger summarisch mit den übrigen Fortbewegungsarten, der Vorwärtsbewegung in Wellenlinien, mit deren Hilfe sich z. B. Schlangen und Raupen fortbewegen, dem Kriechen, dem Springen, dem Schwimmen und dem Fliegen, deren Mechanismus er ebenso wie den des Gehens mit dem Wechsel von Beugen (bzw. Krümmen) und Strecken, sei es bestimmter Körperpartien, sei es der Flügel oder Flossen, erklärt.

78,9–12 (b 22–24) „Das Beugen – in die Gerade". Die hier gebotene Begründung für die vorangehende Behauptung geht insofern an dem eigentlichen Problem vorbei, als Ar. nichts darüber sagt, daß das Beugen und Strecken mit Hilfe der Gelenke erfolgt, die, wie er in De mot. anim. 1, 698 a 14–b 1 ausgeführt hat, aus zwei Teilen bestehen, von denen jeweils einer im Zustand der Ruhe bleibt, während sich der andere bewegt (vgl. auch oben S. 105 den Komm. zu S. 70,38–41).

78,10 (b 23) „in eine Wölbung oder in einen Winkel". Von vorn betrachtet, bildet z. B. das Kniegelenk eine Wölbung, das Ellenbogengelenk einen Winkel.

78,13f. (b 25) „in bezug auf einen einzigen Punkt". Das Beugen und Strecken der Extremitäten findet jeweils in den Gelenken statt, die Ar. De mot. anim. 1, 698 a 18–21 mit dem Mittelpunkt eines Kreises vergleicht. Im Unterschied zu dem mathematischen Punkt, der unteilbar ist, besteht der Punkt, den die Gelenke darstellen, jedoch aus zwei Teilen, die gegeneinander beweglich sind und auf diese Weise Bewegung, d. h. Strecken und Beugen, ermöglichen (vgl. oben S. 38f. den Komm. zu S. 9,22–10,8).

78,14f. (b 26f.) „Doch gäbe es – Fliegen". Die Feststellung, daß das (rhythmisch) abwechselnde Beugen und Strecken der Gliedmaßen die notwendige Voraussetzung für jede Ortsbewegung bildet, bot Ar. nicht nur die Möglichkeit, die Bewegung der Gliedmaßen als einen mechanischen Prozeß darzustellen, sie hat auch, zumindest was die im Gehen bestehende Ortsbewegung betrifft, bis heute nichts an Gültigkeit verloren (s. Buytendijk, 113–117).

78,15–24 (b 27–709 a 2) Der von Ar. gebrachte Vergleich der Beinstellung in der ersten Phase der Gehbewegung mit einem rechtwinkligen Dreieck, in dem ein Bein die Hypotenuse, das andere Bein und der Boden die beiden Katheten bilden, ist auch in der modernen Physiologie noch üblich. Während jedoch nach der Darstellung des Ar. das hintere Bein dasjenige ist, das den Körper trägt, senkrecht auf dem Boden steht, im Kniegelenk gebeugt wird und eine der beiden Katheten bildet, das vordere Bein dagegen sich als Hypotenuse über den von dem hinteren Bein und dem Boden gebildeten rechten Winkel (vgl. auch 709 a 16) ausstreckt, ist nach modernem Verständnis im ersten Abschnitt der Gehbewegung das vordere Bein das Stützbein, d. h. das Bein, das den Körper trägt, im Kniegelenk leicht gebeugt wird und eine der beiden Katheten bildet, während das hintere Bein, das Hangbein, das gestreckt ist und nur mit der Spitze der großen Zehe den Boden berührt, die Hypotenuse darstellt (s. Landois – Rosemann, 724). Die Vertauschung der Stellung von Hangbein und Stützbein bei Ar. ist darauf zurückzuführen, daß er die Gehbewegung nicht mit ihrem ersten, sondern mit ihrem zweiten Abschnitt beginnen läßt, d. h. mit dem Zeitpunkt, zu dem das Hangbein an dem Stützbein vorbeischwingt, so daß sich das Stützbein in diesem Augenblick zwar tatsächlich hinter dem Hangbein befindet, es aber nicht mehr als solches fungiert, sobald das Hangbein auf den Boden aufsetzt, sondern seinerseits zum Hangbein und das Hangbein zum Stützbein wird.

78,18–26 (b 30–709 a 3) „Denn einerseits – beugen". Das hier und 709 a 18–20 angeschnittene Problem besteht darin, daß in der ersten Phase der Gehbewegung, in der die Beinstellung einem rechtwinkligen Dreieck entspricht, die beiden Beine, obwohl sie von Natur aus die gleiche Länge haben, unterschiedlich lang sein müssen. Denn das Bein, das die Hypotenuse bildet, muß länger sein als das die eine der beiden Katheten darstellende Bein, wie Ar. mit Hilfe des pythagoreischen Lehrsatzes beweisen kann. Da er die Hypotenuse nicht mit dem hinteren, sondern mit dem vorgestellten Bein gleichsetzt, das mit dem ganzen Fuß auf dem Boden steht, begibt er sich der Möglichkeit, dessen größere Länge mit der Verlängerung, die das Hangbein dadurch erfährt, daß es nur mit der Spitze der großen Zehe den Boden berührt, zu erklären, und muß statt dessen eine ziemlich starke Beugung im Kniegelenk des hinteren Beines postulieren, die das Bein im richtigen Verhältnis zur Länge des Beines, das die Hypotenuse bildet, verkürzt.

78,23f. (709 a 1f.) „der unbewegt bleibenden Größe – Linie". Mit der „unbewegt bleibenden Größe" ist das hintere Bein gemeint, das senkrecht stehenbleibt und die eine Kathete bildet, mit der „den Zwischenraum beschreibenden Linie" der Abstand zwischen den beiden Beinen auf dem Boden, der die andere Kathete bildet.

78,26 (a 3) „Gelenk". Aus der Gegenüberstellung von „Knie" (*γόνυ*) und „Gelenk" (*κάμψις*) geht hervor, daß auch unter dem allgemeinen Begriff ein bestimmtes Gelenk zu verstehen ist, und zwar das Hüftgelenk, wie aus a 11f. ersichtlich ist, wo es heißt, daß bei den Tieren, deren Beine kein Kniegelenk haben, die Beugung „in den Schulterblättern oder den Hüften" erfolgt.

78,27f. (a 3f.) „wenn ein Tier – hat". Obwohl Ar. weiß, daß das alte „Märchen" von den Elefanten, die ihre Beine nicht beugen können, nicht der Wahrheit entspricht (s. a 9f. und Hist. anim. II 1, 498 a 8–13), und ihm offensichtlich auch sonst kein Tier bekannt ist, bei dem dies der Fall wäre – zumindest ist der Elefant das einzige Tier, das er in diesem Zusammenhang als Beispiel anführt (s. a 8–12) –, so hat ihn das, was man von den Elefanten zu berichten wußte, doch immerhin so beeindruckt, daß er die Möglichkeit, daß es Tiere gibt, deren Beine keine Kniegelenke haben, nicht ganz ausschließen möchte und sich sogar Gedanken darüber macht, an welcher Stelle bei ihnen das für die Fortbewegung erforderliche Beugen der Beine stattfindet (s. den vorhergehenden Komm.).

78,29 (a 5) „auf dem Erdboden". Jaeger, dem sich Forster in seiner Ausgabe anschließt, setzt im Text nach den von ihm in der Praefatio (XIII) als unverständlich bezeichneten Worten *ἐν γῇ* eine Lücke an (so auch schon Platt, On Aristotle, 41), bemerkt zu der ganzen Stelle im krit. App. „locus graviter corruptus et lacuna mutilatus" und schlägt entsprechend der von Michael Ephesius gebotenen Interpretation (CAG XXII 2, 154,15f.) *ἔχων ἐν τῇ κεφαλῇ κάλαμον μετὰ μέλανος* („mit einem in Tinte getauchten Rohr auf dem Kopf") als Ergänzung vor. Die Annahme einer mit einem Textausfall verbundenen schweren Textverderbnis erweist sich jedoch als überflüssig, wenn man einerseits *γῇ* in der Bedeutung „Erdboden", d. h. als das dem Gehen adäquate Medium, faßt (s. De mot. anim. 2, 698 b 17) und andererseits die auf die Mauer projizierte Linie (*ἡ γραφομένη*) mit Louis (s. die Anm. zur Stelle) als nur gedachte Linie („ligne idéale") versteht und damit der Notwendigkeit enthoben ist, ein technisches Verfahren zu rekonstruieren, mit dessen Hilfe es Ar. möglich gewesen wäre, die durch das Gehen bedingten vertikalen Schwankungen des Körpers der Versuchsperson auf die Mauer zu übertragen.

78,30 (a 6) „gekrümmt". Die photographische Registrierung der Gangbewegung, die seit dem Ausgang des 19. Jahrhunderts im Zusammenhang mit der Untersuchung der Mechanik des Gehens mehrfach vorgenommen wurde (s. die Zusammenstellung der betreffenden Aufnahmen bei Steinhausen, 201–207), hat für die maximale Amplitude der vertikalen Schwankungen des Kopfscheitelpunkts einen Wert von 4 bis 5 cm ergeben (s. Braune u. Fischer, 266–273 u. Tafel X; vgl. auch W. u. Ed. Weber, 161–163). In der Projektion erscheinen diese Schwankungen in Form einer Wellenlinie (s. Braune u. Fischer, 272). Auf Grund der Tatsache, daß Ar. die von ihm angenommene Projektionslinie als *σκολιά* (gekrümmt, gebogen) bezeichnet, liegt es zumindest im Bereich des Möglichen, daß er sich diese Linie gleichfalls als Wellenlinie vorgestellt hat und nicht als Zickzackkurve, wie dies die graphische Darstellung im Kommentar des Michael Ephesius (CAG XXII 2, 154,15f.; zur Fehlinterpretation dieser Stelle bei Michael vgl. Preus, 165f.) suggeriert, die Jaeger in seinen Text aufgenommen hat.

78,35 (a 9) „Elefanten". Zu den Elefanten s. oben S. 122f. den Komm. zu S. 78,27f.

78,38 (a 12) „in aufrechter Haltung" (*ὀρθόν*). Dies soll besagen, ohne die Gliedmaßen zu beugen, gleichsam mit steifen Gelenken.

78,40f. (a 13f.) „in den Sportstätten – vorwärts bewegen". Der Hinweis auf diejenigen, die sich beim sportlichen Training auf den Knien vorwärts bewegen, dient dem Zweck, die Unsicherheit und Schwerfälligkeit der Bewegung zu verdeutlichen, die in diesem Fall dadurch hervorgerufen werden, daß die Beine im Verhältnis zum Körper zu kurz sind. In ähnlicher Weise wird auch der Umstand, daß Kleinkinder nicht aufrecht gehen können, mit der Disproportion zwischen den stark entwickelten oberen und schwach entwickelten unteren Körperpartien erklärt (s. Kap. 11, 710 b 12–15).

79,7–10 (a 19–22) „denn das Quadrat – erstreckt". Vgl. oben 709 a 1f. Während dort jedoch der Ausdruck *ἡ ὑποτείνουσα* sc. *γραμμή* als Terminus technicus in der Bedeutung „Hypotenuse" gebraucht ist, hat Ar. mit ihm hier nichtterminologisch die Linie unten auf dem Boden, d. h. eine der Katheten, bezeichnet (vgl. Platt, Notes, 297).

79,10–17 (a 20–24) Wie Ar. hier ausführt, schließt sich an die erste Phase der Gehbewegung, in der die Beinstellung einem rechtwinkligen Dreieck entspricht, eine zweite Phase an, in der die Beine, indem sie durch das Strecken des zunächst gebeugten senkrecht stehenden hinteren Beines in Spreizstellung gebracht werden, ein gleichschenkliges Dreieck bilden, über dem sich der zuvor nach vorn geneigte Körper senkrecht erhebt. Infolge der Spreizstellung der Beine befindet sich der Kopf jedoch noch immer in einer tieferen Lage. Zu seiner vollen Größe richtet sich das Lebewesen erst in dem Moment wieder auf, wenn es in seine Ausgangsposition, d. h. in den Stand mit geschlossenen Füßen, zurückgekehrt ist.

79,18–22 (a 24–27) „in Wellenlinien – Raupen". Die beiden Arten der Fortbewegung in Wellenlinien unterscheiden sich dadurch, daß die Krümmungen des Rumpfes entweder in der Horizontalen, d. h. abwechselnd nach rechts und links, oder dorsalwärts erfolgen. Das zugrunde liegende Bewegungsprinzip, das es den Tieren erlaubt, sich vorwärts zu bewegen, ist in beiden Fällen das gleiche: Die Krümmung und das Ausstrecken der gekrümmten Körperpartie zusammen ergeben eine Linie, die länger ist als die gerade Linie vor der Krümmung, und diese Differenz macht die Strecke aus, die sich das Tier jeweils vorwärts bewegt, wobei es den an dem aktiven Bewegungsvorgang nicht beteiligten hinteren Körperteil nachzieht (s. a 31–b 3).

79,23f. (a 28) „spiralförmige Kontraktion – Erddärme". Die Bewegung, deren Mechanismus auf einer „spiralförmigen Kontraktion" (*ἰλύσπασις*), wie Ar. es nennt, beruht, verläuft im Unterschied zu der in horizontalen oder dorsalwärts gerichteten Krümmungen bestehenden wellenförmigen Bewegung in gerader Linie. Sie kommt dadurch zustande, daß sich der aus einzelnen Segmenten bestehende Körper der Tiere gleichsam wie eine Spirale abwechselnd ausdehnt (verdünnt) und zusammenzieht (verdickt), wobei durch die auf der Kontraktion der Längsmuskeln beruhende Verdickung die hintere Körperpartie nach vorn herangeholt wird (s. v. Buddenbrook, 280f.). So ganz richtig auch schon Michael Ephesius, CAG XXII 2, 156,17–24, der davon spricht, daß der vordere Körperteil bei der Ausdehnung ganz dünn wird und sich wieder verdickt, wenn er den hinteren Teil heranführt.

Zu den „Erddärmen" s. oben S. 109f. den Komm. zu S. 72,18.

79,27–35 (a 31–b 3) „Es ist aber deutlich – den Rest (des Körpers) heran". Zu dem hier dargestellten Bewegungsmechanismus s. oben den Komm. zu S. 79,18–22.

79,38 (b 6) „mit seinen führenden Teilen". Die in der Bewegung führenden Teile sind die oberen bzw. vorderen Körperpartien, in denen das Herz, der Sitz der bewegenden Seele, seinen Platz hat (vgl. Kap. 6, 707 a 6–16).

79,40 f. (b 8) „mit dem zuunterst liegenden Teil des Körpers". Entsprechend der Auffassung des Ar., daß die Bewegung beim Springen im Unterschied zu der Gehbewegung nicht mit den Beinen, sondern mit dem ganzen Körper bewerkstelligt wird, sind unter „dem zuunterst liegenden Teil des Körpers", in dem die Beugung erfolgt, diejenigen Partien zu verstehen, an denen der Rumpf mit den Beinen gelenkig verbunden ist, d. h. die Hüftgelenke beim Menschen und bei den Vierfüßern sowohl die Hüftgelenke als auch die ihnen entsprechenden Schultergelenke.

80,8 (b 14) „wie zuvor gesagt worden ist". Siehe Kap. 7, 708 a 3–9.

80,8f. (b 15) „Die breiten Fische". Unter den breiten bzw. ganz breiten Fischen (b 17) sind Fische mit einem abgeplatteten, scheibenförmigen Körper zu verstehen.

80,12f. (b 17f.) „allein – Körpers". Wenn man den griechischen Text in der überlieferten Form (*αὐτοῖς τοῖς πτερυγίοις καὶ ταῖς ἐσχάταις τοῦ σώματος περιφερείαις*) beibehält, wie dies in allen Ausgaben geschehen ist, kommt man nicht umhin festzustellen, daß der hier beschriebene Bewegungsmechanismus der als „ganz breit" bezeichneten Fische, als deren Vertreter die Batoi, eine nicht näher zu bestimmende Rochenart, genannt sind, sich in nichts von dem zuvor beschriebenen Bewegungsmechanismus der „breiten" Fische unterscheidet: In beiden Fällen sind sowohl der Körper als auch Flossen an der Bewegung beteiligt. Da nach der Theorie des Ar. einerseits die Bewegung der blutführenden Tiere maximal mit vier „Punkten" erfolgt und andererseits die Bewegung des Körpers sich daraus erklärt, daß dieser die Funktion fehlender Extremitäten übernimmt, müßte also auch die Zahl der Flossen bei den extrem breiten Fischen der der breiten entsprechen. Das heißt, auf beide Arten von Plattfischen träfe es zu, daß sie sich mit zwei Flossen und durch zusätzliches Beugen und Strecken ihres breiten Körpers vorwärts bewegen. Unter diesen Umständen erweist sich die ausdrückliche Unterscheidung zwischen der Bewegung der „breiten" Fische und der der „ganz breiten" Fische nicht nur als überflüssig, sondern geradezu als irreführend.

Daß der Widerspruch in der Gedankenführung jedoch nicht Ar. anzulasten ist, sondern auf das Konto der Überlieferung geht und infolgedessen auch einen Eingriff in den überlieferten Text rechtfertigt, zeigen die parallelen Ausführungen in De part. anim. IV 13, 696 a 25–27 und Hist. anim. I 5, 489 b 30–32. Dort heißt es unmißverständlich, daß einige Knorpelfische, unter ihnen auch die Batoi, überhaupt keine Flossen haben und daß sie deshalb „allein mit Hilfe ihrer weitausladenden Körperpartien" (*αὐτοῖς τοῖς πλάτεσιν*; Hist. anim. I 5, 489 b 32) bzw. „mit Hilfe des äußersten Randes ihrer Körperbreite" (*τῷ ἐσχάτῳ πλάτει*; De part. anim. IV 13, 696 a 26 f.) schwimmen.

Sowohl in der Hist. anim. wie in De part. anim. sind die Batoi erwähnt, so daß die Identität der Vertreter der Knorpelfische, von denen hier die Rede ist, mit den in unserem Text als ganz breit bezeichneten Fischen gesichert ist und folglich auch die von jenen mitgeteilten anatomischen und physiologischen Besonderheiten, nämlich daß sie keine Flossen haben und deshalb allein mit dem Körper die erforderlichen Schwimmbewegungen ausführen, für diese in Anspruch genommen werden können. Damit ist nicht nur die Bestätigung dafür gegeben, daß die Unterscheidung zwischen dem Bewegungsmechanismus der breiten Fische auf der einen Seite und dem der extrem breiten Fische auf der anderen Seite in unserem Text tatsächlich beabsichtigt war, sondern zugleich auch die Gewißheit, daß der oben zitierte handschriftlich überlieferte Text, der mit der Erwähnung der Flossen weder dem von Ar. erhobenen anatomischen Befund entspricht noch aus dem Kontext heraus verständlich ist, in dieser Form nicht von Ar. stammt. Den sachlich korrekten Wortlaut erhalten wir, wenn wir das sinnstörende *τοῖς πτερυγίοις καὶ* als nachträgliche Zufügung aus dem Text ausklammern und *αὐτοῖς* in Anlehnung an den in der Hist. anim. gebrauchten Ausdruck in *αὐταῖς* ändern, so daß der Text, den wir unserer Übersetzung zugrunde gelegt haben, folgendermaßen zu lesen ist: *αὐταῖς ταῖς ἐσχάταις τοῦ σώματος περιφερείαις*. Die Textverderbnis könnte dadurch entstanden sein, daß ein Benutzer des Textes, der im Unterschied zu Ar. auch die unpaarigen Randflossen der Rochen als Flossen anerkannte (s. oben S. 118 den Komm. zu S. 76,24–26), *τοῖς πτερυγίοις* als Erklärung zu *ταῖς ἐσχάταις περιφερείαις* am Rande vermerkte und diese Randnotiz auf Grund eines Mißverständnisses als zusätzliche Information in den Text geriet, was die Zufügung des *καὶ* nach *πτερυγίοις* erforderte und ebenso auch die Änderung des *αὐταῖς* in *αὐτοῖς* veranlaßt haben könnte.

Kapitel 10

In diesem Kapitel beschäftigt Ar. sich mit dem Bewegungsmechanismus bei den Flugtieren, unter die er außer den Vögeln auch die Tiere subsumiert, deren Flügel aus einem Stück bestehen, d. h. die geflügelten Insekten. Wie jede andere Ortsbewegung kommt auch die Flugbewegung dadurch zustande, daß die Extremitäten, in diesem Fall die Flügel, gebeugt und gestreckt werden, und zwar bei allen Flugtieren an der Verbindungsstelle zwischen Flügel und Rumpf. Am Flug ist außerdem der Schwanz beteiligt, den die Vögel gleichsam als Steuerruder benutzen, indem sie ihn ebenso wie die Flügel an der Stelle beugen, an der er mit dem Rumpf verbunden ist. Die Schwimmvögel gebrauchen anstelle des Schwanzes die Beine zum Steuern des Fluges, indem sie die Füße statt des Schwanzes ausspannen. Zwischen der Flugbewegung der Vögel und der der geflügelten Insekten besteht insofern ein Unterschied, als diese keinen Schwanz haben und infolgedessen auch nicht imstande sind, ihren Flug zu steuern. Die Langsamkeit und Schwäche des Fluges der geflügelten Insekten begründet Ar. damit, daß ihre Flügel im Verhältnis zum Körpergewicht zu klein und schwach sind. Bei den Vögeln dagegen ist das Verhältnis zwischen Flügeln und Körper genau umgekehrt, so daß sie zum Teil sehr schnell fliegen können, was noch durch den Bau ihres Körpers begünstigt wird, der zwar kräftig genug ist, den Aufprall der Luft aufzufangen, zugleich aber so schmal ist, daß er nur wenig Luftwiderstand bietet.

80,17f. (b 23) „sondern (nur) – (bewegen)“. Siehe Kap. 7, 707 a 20f. und oben S. 115 den Komm. zu S. 75,12.

80,18–20 (b 23–25) „Indessen – würden". Positiv ausgedrückt, bedeutet dies, daß die Beine beim Fliegen und die Flügel beim Gehen jeweils das erforderliche Gleichgewicht herstellen.

80,22 (b 26) „wie gesagt worden ist". Siehe Kap. 9, 708 b 26f.

80,23–25 (b 27f.) „auf dem – nachgibt". Wie der einschränkende Zusatz „bis zu einem gewissen Grade" beweist, besteht kein Grund, in der hier getroffenen Feststellung einen Widerspruch zu Ar.' Theorie zu sehen, daß Bewegung nur dann stattfinden kann, wenn das Medium, auf bzw. in dem sich die Lebewesen bewegen, nicht nachgibt, sondern dem sich bewegenden Körper einen Halt bietet (s. Kap. 3, 705 a 6–12; vgl. auch De mot. anim. 2, 698 b 13–21). Worum es Ar. an der vorliegenden Stelle geht, wird aus seinen Ausführungen in Kap. 15, 713 a 3–15 deutlich, wo davon die Rede ist, daß die Luft, das Medium, in dem sich die Flugtiere fortbewegen, durch die äußerst schnelle und kraftvolle Bewegung der Flügel dieser Tiere zerteilt wird, d. h., daß die Luft zwar zurückweicht, aber jeweils nur so viel Raum gibt, daß die Tiere sich ungehindert durch sie hindurchbewegen können. Auf dem gleichen Prinzip beruht auch die Fortbewegung der Fische im Wasser, das durch die Bewegung der Flossen zerteilt und zum Zurückweichen gebracht wird.

80,27 (b 30) „den Tieren, deren Flügel aus einem Stück bestehen". Bei den *ὁλόπτερα*, den Flugtieren, deren Flügel im Unterschied zu den gefiederten Flügeln der Vögel eine einheitliche Fläche bilden, handelt es sich um geflügelte Insekten (vgl. 710 a 7–11). In der Einteilung der Flugtiere in der Hist. anim. (I 5, 490 a 5–8) nennt Ar. neben den Vögeln und geflügelten Insekten, die hier zur Abgrenzung von den *πτερωτά* (den gefiederten Flugtieren, den Vögeln) *πτιλωτά* (geflügelte Tiere) genannt werden, als dritte noch die Tiere mit Flughäuten, die jedoch in unserer Abhandlung völlig außer Betracht bleiben.

80,28 (b 30f.) „der Ausgangspunkt des jeweiligen Flügels". Den Ausgangspunkt des Flügels, an dem sowohl bei den Vögeln als auch bei den geflügelten Insekten eine Beugung stattfindet, bildet die gelenkige Verbindung des Flügels mit dem Rumpfskelett. Die im griechischen Text getroffene sprachliche Unterscheidung zwischen dem Flügel der Insekten, der mit *πτερόν*, und dem der Vögel, der mit *πτέρυξ* bezeichnet ist, wurde in der deutschen Übersetzung aufgegeben, um Mißverständnisse zu vermeiden, da die beiden zur Verfügung stehenden Äquivalente „Schwinge" und „Fittich" in der anatomischen Nomenklatur des Vogelflügels zur Bezeichnung bestimmter Abschnitte (Armschwinge, Handschwinge, Daumenfittich, Schulterfittich) terminologisch festgelegt sind (s. Fischer, 326 u. Abb. 165; Ellenberger – Baum, 1121f.).

80,29f. (b 31) „des entsprechenden (Körper)teils". Die dem Vogel- und Insektenflügel auf Grund ihrer Funktion entsprechenden Körperteile bei den Fischen sind die Flossen, genauer gesagt, die, wie Ar. es weiter unten (Kap. 15, 713 a 3–10) exakter formuliert, an der Seite des Körpers angewachsenen Flossen, d. h. die Brustflossen. Zur Gleichsetzung Flügel – Brustflossen s. auch Kap. 18, 714 b 3–5.

80,30–32 (b 32–710 a 1) „wie bei den Schlangen – des Körpers". Zum Bewegungsmechanismus bei den Schlangen s. Kap. 7, 707 b 7–27.

80,36 (710 a 4f.) „den Tieren mit gespaltenen Flügeln". Die Tiere mit gespaltenen Flügeln (*τὰ σχιζόπτερα*) sind die Vögel, deren Flügel aus einer Vielzahl von Federn bestehen. Wenn Ar. hier *τὰ σχιζόπτερα* anstelle von *οἱ ὄρνιθες* (s. 709 b 30f.) als Gattungsbegriff wählt, so offenbar deswegen, weil er den für den Bewegungsmechanismus entscheidenden Gegensatz zwischen den aus einer einheitlichen Fläche bestehenden Flügeln der *ὁλόπτερα* (vgl. oben S. 127 den Komm. zu S. 80,27) und den in größerem Maße beweglichen Flügeln der Vögel stärker hervorheben will. In ähnlicher Weise sind *ὁλόπτερον* und *σχιζόπτερον* auch Anal. Post. II 13, 96 b 39 als Klassifikationsbegriffe gegenübergestellt.

80,38 (a 6) „bei den Pfauen". Die mangelnde Funktionstüchtigkeit des Pfauenschwanzes erklärt Ar. wenig später (a 22–24) damit, daß er, wenn der Pfau im Sommer im Schmuck seiner Federn prangt, entweder zu groß ist, um als Steuer zu dienen, oder aber seine Federn verliert, was regelmäßig im Herbst der Fall ist (zum Wechsel des Federkleides bei den Pfauen s. Hist. anim. VI 9, 564 a 32–b 2).

80,39 (a 7) „den Vögeln, die nicht besonders geschickt sind zum Fliegen". Als Vertreter der Vögel, die nicht gut fliegen können, sind unten (a 12f.) die Porphyrionen (s. unten den Komm. zu S. 81,6), die Reiher und die Schwimmvögel genannt (vgl. auch De part. anim. IV 12, 694 a 6–8).

81,1f. (a 10) „diejenigen, die Flügelscheiden haben". Die Insekten mit Flügelscheiden, die Koleoptera, sind die Käfer. Die Flügelscheiden (Deckflügel) dienen als Schutzorgan für den weichen Hinterleib und die zarten Hinterflügel, die unter ihnen zusammengefaltet und verborgen werden (s. v. Buddenbrook, 350).

81,2 (a 10) „Pillendreher". Die Identifizierung des *κάνθαρος* mit dem Pillendreher (Scarabaeus pilularius) ist nicht ganz sicher, da auf diese Tiere zwar zutrifft, daß sie Kugeln aus Kot rollen und ihre „Larven" (Eier) auf ihnen ablegen, nicht aber, daß sie sich auch selbst in diesen Kugeln verbergen, wie Ar. Hist. anim. V 19, 552 a 17–19 schreibt. Gegen die Identifizierung haben sich Aubert – Wimmer, Aristoteles' Thierkunde, Bd. 1, 165, s. v. *κάνθαρος*, ausgesprochen.

81,6 (a 12) „Porphyrionen". Die Porphyrionen haben nach der Beschreibung des Ar. (Hist. anim. II 17, 509 a 9–11) einen langen Hals, eine sehr lange, enge Speiseröhre und keinen Kropf. Eine sichere Identifizierung der Porphyrionen ist nicht möglich (vgl. Aubert – Wimmer, Aristoteles' Thierkunde, Bd. 1, 106, s. v. *πορφυρίων*, und Forster, Anm. zur Stelle), nach Louis (Anm. zur Stelle) könnte es sich um das Sultanshuhn (Porphyrio) handeln. Mit Sicherheit gehören sie jedoch ebenso wie der Reiher zu den langbeinigen Sumpfvögeln.

81,7 (a 14) „die Füße ausspannen". Das Ausspannen der Füße ist durch die Schwimmhäute möglich, die die Schwimmvögel zwischen den Zehen haben.

81,16 (a 22) „zu dem geschilderten Tatbestand". Das heißt zu dem langsamen und schwachen Flug.

81,20–22 (a 24–26) „Die Vögel verhalten sich – sehr schnell fliegen". Die „entgegengesetzte" Situation, von der Ar. hier spricht, bezieht sich auf das Verhältnis Flügel – Körper: Während die Flügel der Insekten im Verhältnis zum Körpergewicht klein und schwach sind, haben die Vögel umgekehrt große und kräftige Flügel und einen leichten Körper, und dieser Tatbestand ist desto ausgeprägter, je schneller die Vögel fliegen können. Damit hat Ar. auf seine Weise das Problem angeschnitten, daß die Gewichtsminderung des Vogelkörpers eine Vorbedingung des Fluges ist (vgl. Ellenberger – Baum, 1073).

81,23 f. (a 26 f.) „Von solcher Art – von Nutzen". Die Vögel mit gebogenen Krallen (γαμψώνυχες) sind Fleischfresser (Hist. anim. VIII 3, 592 a 29 f.), d. h. Raubvögel. Als Besonderheit ihrer Lebensweise, auf die Ar. hier Bezug nimmt und für die er ihre Fähigkeit zum sehr schnellen Fliegen für nützlich hält, wird man daher anzusehen haben, daß sie, wie er in der Hist. anim. (ebd., 593 b 25 f.) schreibt, im Unterschied zu ihren sonstigen Artgenossen Vögel und andere Tiere, soweit sie sich ihrer bemächtigen können, als Nahrung greifen.

81,25–34 (a 28–b 4) Wie Ar. hier mit Recht hervorhebt, ist der Bau des Vogelkörpers, den er vorn und hinten als spitz zulaufend, als stromlinienförmig, um einen modernen Ausdruck zu gebrauchen, beschreibt, dem Flug weitgehend angepaßt (vgl. Fischer, 325). Das gilt für die „spitze" Vogelbrust, die er mit dem (schmalen) Bug der Schnellsegler vergleicht, ebenso wie für die Tatsache, daß das Fleisch der Brust (die Brustmuskeln der Schultergliedmaßen) kräftig ist, was seinen Grund allerdings darin hat, daß es sich bei diesen Muskeln um die Flugmuskulatur handelt, die bei den Vögeln (mit Ausnahme der Laufvögel und der schlechten Flieger) naturgemäß besonders stark entwickelt ist (s. Ellenberger – Baum, 1083 f.), und das gilt schließlich auch für die Feststellung, daß Kopf, Hals und die hinteren Körperteile, d. h. alle peripheren Körperteile, leicht und wenig voluminös sind (s. ebd., 1073).

81,26 (a 29) „bei allen". Das heißt bei allen Vögeln, die schnell fliegen können.

Kapitel 11

Gegenstand dieses Kapitels sind die Beckengliedmaßen der Vögel. Diese Tiere haben wie der Mensch zwei Füße, im Unterschied zu diesem jedoch keine aufrechte Körperhaltung. Den Grund dafür, daß die Vögel dennoch stehen können, sieht Ar. darin gegeben, daß die Hüfte, die, wie er schreibt, einem Oberschenkel ähnelt, so lang ist, daß sie bis unter den Bauch reicht und auf diese Weise als Stütze für den ganzen Körper dient.

81,35 (b 5) „dieser Probleme". Das heißt der Probleme, die mit der Flugbewegung verbunden sind.

81,38 f. (b 8) „die sich unterhalb von diesen befinden". Unter den unteren, schweren Körperteilen, deren Aufgabe es ist, die oberen, leichten Körperteile zu tragen, versteht Ar. die Beine (Ober- und Unterschenkel) und das Gesäß, die aus diesem Grunde beim Menschen besonders fleischig sind (s. De part. anim. IV 10, 689 b 5–15).

81,41 f. (b 9f.) „beim Menschen – hat". Siehe oben S. 112 den Komm. zu S. 73,40–74,1.

82,3–6 (b 13–15) „weil sie – Teilen stünden". Zu den Ursachen, auf die Ar. das Mißverhältnis zwischen den oberen und unteren Teilen des kindlichen Körpers zurückführt, s. oben S. 108 f. den Komm. zu S. 71,21–24.

82,9 f. (b 18 f.) „weil – befindet". Diese Aussage steht im Widerspruch zu der Feststellung am Ende von Kap. 10, 710 b 2f., daß bei den Vögeln die hinteren Körperteile im Vergleich mit der Brust leicht sind. Es handelt sich dabei jedoch nur um einen scheinbaren Widerspruch, der aus dem Bemühen des Ar. resultiert, eine Erklärung für das Problem zu finden, warum der Vogel, obwohl er wie der Mensch zu den zweibeinigen Lebewesen gehört, eine von diesem abweichende Körperhaltung hat. Denn während der Mensch über eine der Zweibeinigkeit entsprechende vollkommen aufrechte Körperhaltung verfügt (vgl. oben S. 112 den Komm. zu S. 73,40–74,1), ist der Körper der Vögel nicht in diesem Maße aufgerichtet (vgl. b 31 f.). Er ist aber auch nicht so stark vornübergeneigt, wie das bei den Tieren mit vier Beinen der Fall ist. Denn da die Vögel nur zwei Beine haben und diese unter dem Hinterleib sitzen, verlagern sie beim Stehen das Gewicht dorthin, und eben dies dürfte Ar. gemeint haben, wenn er im Zusammenhang mit der Behandlung der Beckenextremitäten der Vögel davon spricht, daß sie das Gewicht hinten haben. Diese Annahme wird auch durch den folgenden Hinweis auf die Körperhaltung der Pferde mit erhobenen Vorderbeinen, wie sie bisweilen als Bronzeplastiken dargestellt werden, bestätigt.

82,13 (b 21 f.) „daß die Hüfte einem Oberschenkel ähnelt". Bei dem Gliedmaßenteil, dem Ar. zwar zugesteht, daß er einem Oberschenkel ähnlich ist, den er aber infolge seiner falschen Vorstellung vom Extremitätenskelett der Tiere (s. oben S. 102 den Komm. zu S. 69,19–22 u. 25–29) als Hüfte bezeichnet, handelt es sich in Wirklichkeit um den Oberschenkel, der sich, wie Ar. richtig vermerkt (b 23 f.), vom Steiß (d. h. vom Hüftgelenk) bis zum Gelenk (= Kniegelenk, nach Ar. = Hüftgelenk) erstreckt.

82,15 (b 23) „vor dem Gelenk". Das „Gelenk" ist nach Aristotelischem Verständnis das Hüftgelenk, nach dem tatsächlichen anatomischen Befund aber das Kniegelenk, und der „Oberschenkel" vor, d. h. unterhalb, von diesem Gelenk entspricht dem Unterschenkel.

82,21 f. (b 28 f.) „erstreckt sich – unter den Bauch". Der von Ar. beschriebene Sachverhalt, daß der von ihm als Hüfte bezeichnete Oberschenkel bis „mitten unter den Bauch" reicht (vgl. auch Hist. anim. II 12, 503 b 35–504 a 2), ergibt sich aus der winkligen Beugung des Oberschenkels gegen das Becken (vgl. Du Bois-Reymond, 266).

82,24 f. (b 31 f.) „daß – kann". Siehe oben S. 112 den Komm. zu S. 73,40 bis 74,1 und S. 115 den Komm. zu S. 75,12.

82,27 f. (711 a 2) „wie man die Eroten – darstellt". Bildliche Darstellungen geflügelter Eroten, auf die Ar. hier Bezug nimmt, scheinen recht verbreitet gewesen zu sein. Auf Vasenbildern gibt es sie spätestens seit der ersten Hälfte des 5. Jh. v. u. Z. (s. Waser, 497).

82,30 f. (a 3 f.) „mit – Gestalt". Das heißt mit einer aufrechten Haltung.

82,32 f. (a 4 f.) „mit mehr als vier Punkten“. Zur Theorie des Ar., daß sich blutführende Lebewesen im Höchstfall mit vier Punkten bewegen, s. Kap. 7, 707 a 18–21 und oben S. 115 den Komm. zu S. 75,12.

82,34 (a 6 f.) „wenn sie sich naturgemäß bewegen“. Die naturgemäße Art der Fortbewegung ist für den Menschen das Gehen.

Kapitel 12

Daß sowohl die Vögel als auch die Vierfüßer ihre Extremitäten entgegengesetzt zur Beugerichtung der menschlichen Gliedmaßen beugen, wie Ar. irrtümlich glaubt, und daß die Schulter- und Beckenextremitäten bei ein und demselben Lebewesen jeweils in entgegengesetzter Richtung gebeugt werden, ist nach Meinung des Stagiriten Ausdruck dessen, daß in der Natur alles aufs zweckmäßigste eingerichtet ist. Der Mensch beugt die Beine nach vorn (zu einer Wölbung), weil auf diese Weise die beim Gehen notwendige Verlagerung des Körpers nach vorn durch die Beugerichtung der Beine unterstützt wird, die Arme dagegen zu einer Höhlung, damit die Hände für die Nahrungsaufnahme und die ihnen sonst zukommenden Verrichtungen genutzt werden können. Die lebendgebärenden Vierfüßer beugen umgekehrt die Schultergliedmaßen nach vorn und die Beckenextremitäten nach hinten. Die Vorderbeine werden nach vorn gebeugt, weil diese Beugerichtung einerseits der Bewegungsrichtung des in der Bewegung führenden vorderen Körperabschnitts entspricht und weil sie andererseits verhindert, daß die Beine unter den Rumpf geraten und auf diese Weise in ihrer Beweglichkeit eingeschränkt werden. Der zuletzt genannte Grund ist auch für die Beugung der Hinterbeine nach hinten ausschlaggebend, zu dem als weiterer Grund hinzukommt, daß sich bei den Säugetieren das Säugen der Jungen leichter gestaltet, wenn die Hinterbeine nach hinten gebeugt werden.

82,39 (a 10) „ist zuvor – auch“. Siehe Kap. 9, 708 b 21–709 a 16; Kap. 1, 704 a 17–b 5.

83,1–3 (a 13 f.) „(daß) ferner die Vierfüßer – Richtung (beugen)“. Die entgegengesetzte Beugerichtung der Beine bei den Tieren selbst ergibt sich aus dem Vergleich der Schulter- und Beckenextremität, mit Bezug auf den Menschen besteht sie nach den Vorstellungen des Ar. an den sich entsprechenden Schulter- und Beckengliedmaßen.

83,3–6 (a 14–17) „Denn die Menschen – die Vögel“. Zur Bestimmung der Beugerichtung der Extremitäten s. oben S. 102 den Komm. zu S. 69,19–22 u. 25–29.

83,7 (a 18 f.) „wie zuvor gesagt wurde“. Siehe Kap. 2, 704 b 15–18. Zur Teleologie als einer Methode der Interpretation biologischer Sachverhalte vgl. oben S. 103 f. den Komm. zu S. 70,9–12.

83,14 (a 24) „auf diesen“. Das Gewicht wird auf das hintere Bein verlagert, das gebeugt und gestreckt wird, während das Bein, das nach vorn geführt wird, unbewegt, d. h. gerade, bleibt (vgl. oben S. 121 f. den Komm. zu S. 78,15 bis 24 und S. 124 den Komm. zu S. 79,10–17).

83,16 (a 26) „Punkt". Siehe oben S. 101 f. den Komm. zu S. 69,10.

83,18–29 (a 27–b 4) „wenn sich – bewegt". Wenn die Knie, wie es der Fall ist, nach vorn gebeugt werden, wird damit die Gangrichtung unterstützt, d. h., die Richtung, in der die Füße bewegt werden und in der der Körper mit Hilfe der Beugung in den Knien transportiert wird, ist die gleiche (s. b 4–6); würden die Knie dagegen nach hinten, d. h., von vorn betrachtet, zu einer Höhlung, gebeugt, fänden zwei entgegengesetzte Bewegungen statt, die sich gegenseitig aufheben oder zumindest stark behindern würden: Denn während der Unterschenkel den Fuß nach vorn bewegt, würde das distale Ende des Oberschenkels durch die nach hinten gerichtete Beugung des Knies nach hinten geführt.

83,37 (b 11) „für den Gebrauch der Hände". Zum Gebrauch der Hände s. De part. anim. IV 10, 687 a 5–b 27, wo Ar. diesen Gegenstand ausführlich behandelt hat.

83,38–84,1 (b 12–16) Der Grund, warum die Säugetiere die Schulterextremitäten, wie Ar. meint, analog den menschlichen Beckenextremitäten nach vorn beugen, ist der, daß auf diese Weise einerseits die Beugerichtung der in der Bewegung führenden Vorderbeine der Gangrichtung entspricht, wie das auch bei den Menschen der Fall ist (s. a 27–b 6), und andererseits die Beine nicht durch den Rumpf in ihrer Beweglichkeit eingeschränkt werden, was geschähe, wenn die Beine nach hinten gebeugt würden (s. b 19–22).

83,38 f. (b 12) „Die Vierfüßer – (unter ihnen)". Die lebendgebärenden Vierfüßer entsprechen den Säugetieren in der modernen Systematik.

84,7 (b 20 f.) „der ganze Oberschenkel und das Gelenk". Das hier genannte Gelenk ist nach Aristotelischem Verständnis das Kniegelenk, nach dem tatsächlichen anatomischen Befund aber das Karpalgelenk, und dementsprechend handelt es sich bei dem als Oberschenkel bezeichneten Beinabschnitt um den Unterschenkel und bei dem „Unterschenkel" um den Mittelfußknochen (vgl. oben S. 102 den Komm. zu S. 69,19–22 u. 25–29).

84,16 f. (b 29 f.) „bei den Tieren unter ihnen, die die Jungen säugen". Das heißt bei den weiblichen Tieren unter den Lebendgebärenden.

Kapitel 13

Auf Grund der möglichen Kombinationen sind nach Ar. im Hinblick auf das Beugen der Extremitäten vier Varianten denkbar: 1. Schulter- und Beckenextremität zu einer Höhlung, 2. Schulter- und Beckenextremität zu einer Wölbung, 3. Schulterextremität zu einer Wölbung und Beckenextremität zu einer Höhlung, 4. Schulterextremität zu einer Höhlung und Beckenextremität zu einer Wölbung. Von diesen vier Möglichkeiten, zu deren Illustration er seinen Ausführungen Diagramme beigefügt hatte, kommen jedoch die ersten beiden im Tierreich überhaupt nicht vor; die dritte Art der Beugung findet sich nach seinen Vorstellungen bei den Vierfüßern, die vierte bei den Elefanten und den Menschen. Während nun Schulter- und Beckenextremität beim gleichen Lebewesen jeweils in entgegengesetzter Richtung gebeugt werden, trifft auf beide gleichermaßen zu, daß die Gelenke jeweils einer Extremität abwechselnd in entgegengesetzter Richtung gebeugt werden, so daß sich für die Beugerichtung der Gelenke der menschlichen Arme und Beine folgendes Bild ergibt: Die Schulter wird zu einer Wölbung gebeugt, der Ellenbogen zu einer Höhlung und das Handgelenk zu einer Wölbung bzw. umgekehrt der Oberschenkel zu einer Höhlung, das Knie zu einer Wölbung und das Sprunggelenk zu einer Höhlung.

84,23–30 (712 a 2–8) „denn es ist notwendig – Figur *D* darstellt". Die Diagramme, die Ar. hier seinem Text zur Veranschaulichung der von ihm beschriebenen Sachverhalte beigegeben hatte, sind, wie in anderen Fällen auch, im Original verlorengegangen (zur Verwendung von graphischen Darstellungen speziell in den beiden der animalischen Bewegung gewidmeten Schriften des Ar. s. oben S. 38 f. den Komm. zu S. 9,22–10,8). Bei den vier

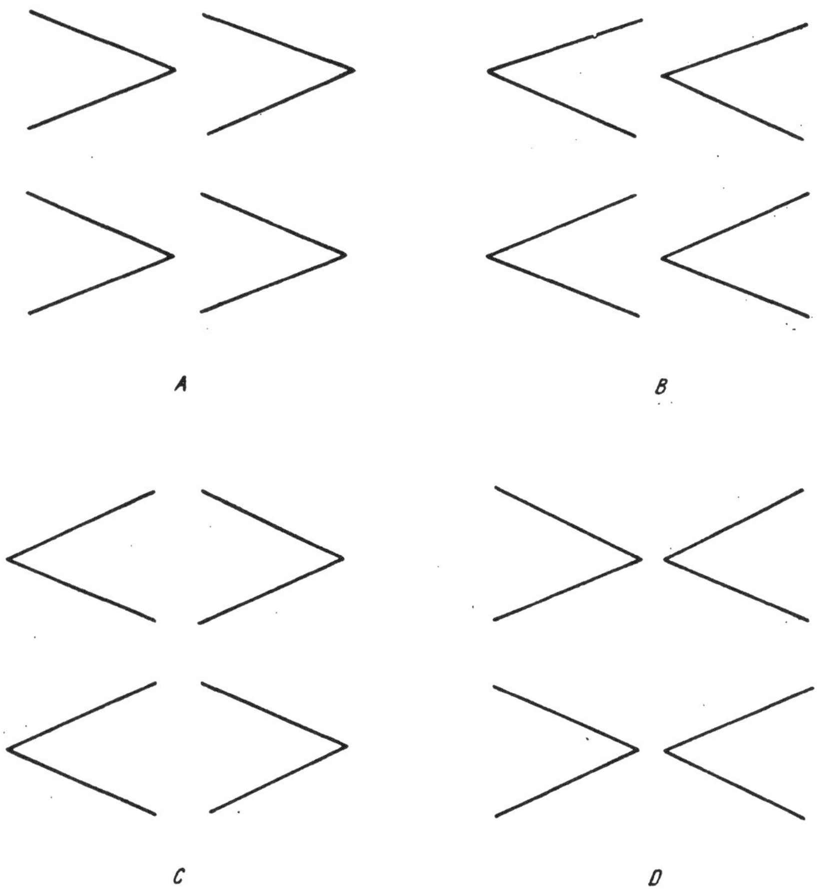

Abb. 1

Figuren, auf die Ar. verweist, dürfte es sich im Original um ähnlich schematische Darstellungen (vgl. Kádár, 32) gehandelt haben wie bei den Zeichnungen im Kommentar des Michael Ephesius (s. CAG XXII 2, 164), die dieser nach der leicht umsetzbaren Beschreibung des Ar. rekonstruiert haben dürfte (s. Abb. 1). In den einzelnen Figuren stehen die beiden Winkel auf der linken Seite jeweils stellvertretend für die Beugungen der beiden Schulterextremitäten, die beiden Winkel auf der rechten Seite für die der beiden Beckenextremitäten; die nach links offenen Winkel entsprechen jeweils der Beugung zu einer Höhlung, die nach rechts offenen der Beugung zu einer Wölbung (zur Bestimmung der Beugerichtung der Extremitäten vgl. auch oben S. 102 den Komm. zu S. 69,19–22 u. 25–29). Die Umkehrung der Winkelrichtungen in den Figuren *A* und *B* bei Louis (s. die Anm. zur Stelle) ergibt sich daraus, daß er von der Seitenansicht der Tiere mit Blickrichtung nach rechts ausgeht.

84,26 f. (a 4f.) „im gegenläufigen Sinn – dieselbe Richtung". Da mit *ἀντεστραμμένως* (im gegenläufigen Sinn) und *μὴ ἐπὶ τὰ αὐτά* (nicht in dieselbe Richtung) derselbe Sachverhalt ausgedrückt ist, scheint mir das von den Handschriften *UYZ* zwischen *ἀντεστραμμένως* und *μὴ ἐπὶ τὰ αὐτά* überlieferte *καί*, das Jaeger, den Kodizes *PS* und dem Zitat der Textstelle im Kommentar des Michael Ephesius (CAG XXII 2, S. 164,4) folgend, als einziger Herausgeber nicht in den Text genommen hat, im Sinne eines explikativen *καί* für das richtige Verständnis des Textes doch unentbehrlich zu sein.

84,30–35 (a 8–12) „so erfolgt – und Beine". Im Gegensatz zu der Auffassung, daß es weder zweibeinige noch vierbeinige Lebewesen gibt, die Schulter- und Beckenextremität in die gleiche Richtung beugen, hatte Ar. Hist. anim. II 1, 498 a 13–16 noch die Ansicht vertreten, daß die eierlegenden Vierfüßer, z. B. Krokodile und Eidechsen, sowohl Vorder- wie Hinterbeine nach vorn, d. h. zu einer Wölbung, beugen, allerdings mit der Einschränkung, daß die Beugung nach vorn eine geringfügige seitliche Abweichung aufweist. Wenn er demgegenüber De inc. anim. 15, 713 a 19f. von ebendiesen Tieren, nämlich den Krokodilen, Eidechsen und Schildkröten, unmißverständlich sagt, daß sie ihre Beine zur Seite beugen (vgl. auch Kap. 1, 704 b 5f.), so dürfte kein Zweifel bestehen, daß er seine Meinung bezüglich der Beugerichtung der Beine bei den Höhlenbewohnern unter den eierlegenden Vierfüßern aus welchen Gründen auch immer revidiert hat und sich somit berechtigt sah, das Vorkommen der gleichen Beugerichtung an Schulter- und Beckenextremität bei zwei- und vierbeinigen Lebewesen zu bestreiten. Zur Bestimmung der Beugerichtung der Extremitäten bei Menschen und Tieren s. oben S. 102 den Komm. zu S. 69,19–22 u. 25–29.

84,34 (a 11) „mit Ausnahme des Elefanten". Vgl. Hist. anim. II 1, 498 a 12f., wo Ar. die Übereinstimmung in der Beugerichtung beim Elefanten und beim Menschen jedoch nur für die Beckenextremitäten registriert hat.

85,4 (a 19) „der (jeweilige) Ausgangspunkt (der Bewegung)". Mit dem hier genannten Ausgangspunkt der Bewegung ist nicht der zentrale Bewegungsursprung im Körper gemeint, der im Herzen seinen Sitz hat (vgl. Kap. 6, 706 b 17–707 a 16), sondern die Schulter- und Hüftgelenke, die nach den Vorstellungen, die Ar. De mot. anim. 1, 698 b 1–4 entwickelt hat, als Ausgangspunkte für die Bewegung der Arme und Beine fungieren, wenn diese jeweils als Ganzes bewegt werden.

Kapitel 14

Bei den Vierfüßern ist nach Auffassung des Ar. die Möglichkeit, daß sie sich kontinuierlich und sicher fortbewegen, nur dann gegeben, wenn sie ihre Beine diagonal, d. h. nach dem rechten Vorderbein das linke Hinterbein, dann das linke Vorderbein und danach das rechte Hinterbein, bewegen. Bei gleichzeitiger Bewegung der beiden Vorderbeine und dementsprechend auch der beiden Hinterbeine, dem Mechanismus des Springens, ist eine kontinuierliche Fortbewegung, wenn auch nicht unmöglich, so doch zumindest sehr erschwert. Und wenn die Vierfüßer jeweils die beiden rechten und die beiden linken Beine gleichzeitig bewegen würden, so fände überhaupt keine Bewegung statt, weil die Tiere sich nicht in ausreichendem Maße abstützen könnten und bei jedem Schritt hinfielen.

Nach dem gleichen Prinzip wie die Vierfüßer bewegen sich aber auch die Tiere, die mehr als vier Beine haben, und zwar geschieht dies auf die Weise, daß jeweils in einer Gruppe von vier Beinen die hinteren Beine diagonal zu den vorderen Beinen bewegt werden.

85,9–12 (a 24–28) Die Bewegung der Vierfüßer, bei der die Beine, wie von Ar. beschrieben, nacheinander diagonal bewegt werden (rechtes Vorderbein, linkes Hinterbein, linkes Vorderbein, rechtes Hinterbein), entspricht der im Schritt bestehenden Gangart dieser Tiere. Von den drei anderen Gangarten der Vierfüßer, dem Paßgang, bei dem sich die Beine auf der gleichen Seite zugleich bewegen, dem Trab, bei dem sich die diagonalen Beinpaare gleichzeitig bewegen, und dem Galopp, bei dem sich zuerst ein Hinterbein, dann Hinter- und Vorderbein der Gegenseite und zum Schluß das andere Vorderbein bewegen (im einzelnen vgl. dazu Du Bois-Reymond, 244–255 u. 261–266; Landois – Rosemann, 726; Koch, 343–346), erwähnt Ar. noch die beim Paßgang übliche Schrittfolge, die er jedoch für nicht realisierbar hält, da die Tiere bei dieser Art der Fortbewegung keinen ausreichenden Halt hätten und infolgedessen bei jedem Schritt hinfielen (s. b 1–3 u. 8f.).

85,10–12 (a 25–28) „nach dem rechten Vorderbein – Hinterbein". Auf Grund der Tatsache, daß Ar. die Schrittfolge bei den Vierfüßern mit dem rechten Vorderbein beginnen läßt, wird ihm von Lloyd, Polarity, 72, unterstellt, daß er entgegen seiner Theorie von dem Ausgangspunkt der Ortsbewegung auf der rechten Körperseite (s. Kap. 4, 705 b 18–20. 30–706 a 18) bei den Pferden, die b 7 ausdrücklich genannt sind, den Ausgangspunkt der Bewegung auf der linken Körperseite angenommen habe. Diese Unterstellung ist jedoch nicht gerechtfertigt. Denn Ar. weist der rechten Seite zugleich mit der Aufgabe, die linke Seite zu bewegen, die Führungsrolle in der Bewegung zu (vgl. Kap. 7, 707 b 15–17), d. h., daß sich das Bein (im Falle der Vierfüßer das Vorderbein) auf der rechten Seite zuerst vorwärts bewegt und daß es auf diese

Weise die Bewegung der übrigen Beine auslöst, deren Funktion es ist, dem in der Bewegung führenden Teil zu folgen (vgl. auch Louis, Anm. zur Stelle).

85,24 (b 1 f.) „mit den beiden rechten (Beinen)". Zu der hier als Möglichkeit erwogenen Gangart s. oben S. 135 den Komm. zu S. 85,9–12.

85,26 f. (b 3 f.) „auf eine von diesen (beiden) Arten". Das heißt entweder abwechselnd gleichzeitig mit den beiden Vorderbeinen und den beiden Hinterbeinen oder abwechselnd gleichzeitig mit den beiden rechten und den beiden linken Beinen.

85,31 (b 7) „alle entsprechenden Tiere". Mit den den Pferden entsprechenden Tieren sind die Vierfüßer gemeint.

85,39 (b 13 f.) „mit vielen Füßen". Hist. anim. IV 2, 525 b 16 f. ist die Zahl der Füße einschließlich der Scheren, die von dem ersten Fußpaar getragen werden, korrekt mit zehn angegeben.

86,1–4 (b 17–21) „Aber da das Vorn – nach vorn bewegen". Die Einrichtung, mit der die Natur die ungewöhnliche Art der Fortbewegung bei den Krabben, die im Tierreich – so Ar. – einmalig ist (s. b 15–17), in gewisser Weise wieder korrigiert hat, sind die gestielten Augen dieser Tiere. Denn da sie sich zur Seite drehen können, so daß ihr Blick statt nach vorn zur Seite gerichtet ist, die Blickrichtung aber immer das Vorn des Körpers bestimmt (s. Kap. 4, 705 b 10–13 und oben S. 109 den Komm. zu S. 71,37–39), bewegen sich also auch die Krabben dadurch, daß die Bewegungsrichtung die gleiche ist wie die Blickrichtung, gleichsam immer nach vorn.

Kapitel 15

Ar. weist darauf hin, daß die Vögel ihre Extremitäten ebenso beugen wie die Vierfüßer: Die Flügel, d. h. die den Vorderbeinen der Vierfüßer entsprechenden Schulterextremitäten, werden zu einer Wölbung gebeugt und die Beine, die als Beckenextremitäten den Hinterbeinen entsprechen, zu einer Höhlung. Eine zweckmäßige Einrichtung der Natur glaubt er ferner darin erkennen zu können, daß sowohl die Flügel, das natürliche Fortbewegungsorgan der Flugtiere, als auch die Flossen, das entsprechende Bewegungsorgan der Fische, jeweils seitlich am Körper angewachsen sind, weil für diese Tiere damit optimale Bedingungen geschaffen sind, die Luft und das Wasser, die Medien, in denen sie sich fortbewegen, mit ihren der Ortsbewegung dienenden Organen zu zerteilen und auf diese Weise den Widerstand der Luft und des Wassers zu überwinden. Als nützlich bezeichnet Ar. es auch, daß bei den in Höhlen lebenden eierlegenden Vierfüßern (Krokodilen, Eidechsen, Schildkröten) die Beine an der Seite des Körpers angewachsen sind, sich flach über den Erdboden ausstrecken und nach außen gebeugt werden, weil die Tiere auf diese Weise einerseits infolge der daraus resultierenden geringen Körperhöhe leicht in den Höhlen unterschlüpfen können und andererseits von den Beinen beim Bebrüten der Eier nicht behindert werden.

86,8–11 (b 26–28) „da bei den Vögeln – in den Flügeln liegt". Kap. 12, 711 b 12–15 hatte Ar. als Hauptgrund für die von ihm bei den Vierfüßern postulierte Beugung der Vorderbeine zu einer Wölbung die führende Funktion angegeben, die diesen bei der Ortsbewegung zufällt. Wenn er nun im Zusammenhang mit den Vögeln ausdrücklich darauf hinweist, daß bei ihnen die Flügel die Stelle der Vorderbeine der Vierfüßer einnehmen und daß sie deshalb ebenso wie jene zu einer Wölbung gebeugt werden, so dürfte wohl kein Zweifel bestehen, daß auch die hier gebotene Begründung für die Beugerichtung der Flügel, in der diese als der „natürliche Ausgangspunkt für die (Orts)veränderung" bezeichnet werden, nichts anderes besagt, als daß die Flügel bei der Bewegung die Führung haben, und zwar deswegen, weil sie diejenigen Extremitäten sind, mit denen die Vögel die ihrer Natur entsprechende Fortbewegung, das Fliegen, bewerkstelligen.

86,12 f. (b 28–30) „Deshalb dürfte wohl – entfernt worden sind". Die Funktion der Flügel, auf die Ar. hier anspielt, besteht darin, den Körper im Gleichgewicht zu halten, wenn der Vogel steht oder geht (vgl. Kap. 10, 709 b 24 f.).

86,14 (b 30) „aufrechte Haltung". Zur Körperhaltung der Vögel s. oben S. 130 den Komm. zu S. 82,9 f.

86,14 f. (b 30 f.) „und da – sind". Die als „leichter" bezeichneten vorderen Teile sind der Kopf und der Hals des Vogels; s. Kap. 10, 710 a 29 f., wo der kleine Kopf und der dünne Hals unter den Besonderheiten des dem Flug weitgehend angepaßten Vogelkörpers genannt sind.

86,17 (b 32 f.) „Oberschenkel – seinen Platz hat". Was Ar. hier von dem „Oberschenkel" sagt, nämlich daß er unter dem Hinterleib sitzt (b 33), trifft auf den Abschnitt des Beines zu, den er Kap. 11, 710 b 21–25. 28 f. im Unterschied zu dem von ihm für den Oberschenkel gehaltenen Unterschenkel als „Hüfte" bezeichnet hat, d. h. auf den Oberschenkel (s. oben S. 130 den Komm. zu S. 82,13). Es wäre jedoch falsch, anzunehmen, daß Ar., wenn er hier für den Oberschenkel die dem anatomischen Befund entsprechende Bezeichnung gebraucht, seine zuvor dargelegten falschen Vorstellungen vom Bau der Beckenextremität des Vogels stillschweigend korrigiert hätte. Erstens war bereits oben davon die Rede, daß man bei den Beinen der Vögel auf Grund des äußeren Anscheins von zwei Oberschenkeln sprechen könnte, und zweitens hält Ar. an der vorliegenden Stelle daran fest, daß die Vögel ihre Beine zu einer Höhlung beugen (b 34–713 a 1), womit eindeutig bewiesen ist, daß er die in dieser Weise gewinkelte Tarsalgelenkspalte als Kniegelenk und demzufolge auch den Unterschenkel als den eigentlichen Oberschenkel betrachtete (vgl. oben S. 102 den Komm. zu S. 69,19–22 u. 25–29).

86,22 f. (713 a 2 f.) „den wir – angeführt haben". Siehe Kap. 12, 711 b 22–29. Als Grund für das Beugen der Hinterbeine nach hinten, d. h. zu einer Höhlung, hatte Ar. dort für die Säugetiere geltend gemacht, daß sie nur so genügend Bewegungsfreiheit hätten, während sie im Falle einer Beugung nach vorn unter den Leib kämen und dadurch in ihrer Beweglichkeit eingeschränkt wären.

86,24 f. (a 4) „die Tiere, deren Flügel aus einem Stück bestehen". Das heißt die Insekten; vgl. oben S. 127 den Komm. zu S. 80,27.

86,26 f. (a 5 f.) „alle diejenigen – bewerkstelligen". Diese Einschränkung entspricht der Ansicht des Ar., daß es auch Fische gibt, die keine Flossen, d. h. keine „Organe" zum Schwimmen, haben und deshalb allein mit dem Körper, genauer gesagt, mit dessen äußersten Rundungen die erforderlichen Schwimmbewegungen ausführen (s. Kap. 9, 709 b 16–19).

86,32 f. (a 9f.) „bei den Vögeln – die Flossen". Bei den den Flügeln entsprechenden Flossen, die wie jene an der Seite des Körpers angewachsen sind, handelt es sich um die Brustflossen. Der folgende Satz ist mit Jaeger zu tilgen.

86,35 (a 11) „auf diese Weise". Das heißt dank der Tatsache, daß die Flügel bzw. die Flossen an der Seite des Körpers angewachsen sind.

86,37 (a 12) Jaeger hat in seinem Text vor *διαστέλλοντα* (zerteilen) aus dem Kommentartext des Michael Ephesius (CAG XXII 2, 167,15) *συστέλλοντα καὶ* zugefügt. Diese Ergänzung ist jedoch für das Verständnis der Textstelle (vgl. oben S. 127 den Komm. zu S. 80,23–25) nicht nur nicht förderlich, sondern eher hinderlich. Denn erstens müßte *συστέλλειν* (zusammenziehen) hier, wenn es überhaupt einen Sinn haben sollte, in der weder bei Ar. noch sonst irgendwo belegten Bedeutung „zusammendrücken", „komprimieren" gebraucht sein, und zweitens kann man zwar von der Luft sagen, daß sie „komprimiert" wird, nicht aber vom Wasser, bei dem man in diesem Fall von „Verdrängung" sprechen würde, einem Vorgang, der mit dem Wort *συστέλλειν* selbst bei großzügigster Interpretation nicht mehr adäquat wiedergegeben wäre.

86,41 (a 16) „unter den eierlegenden Vierfüßern". Eierlegende Vierfüßer sind außer den hier (Z. 42 f.) genannten Reptilien auch die Amphibien, die an der vorliegenden Stelle jedoch außer Betracht bleiben, da sie nicht zu den Höhlenbewohnern gehören.

86,42 (a 17) „Dorneidechsen". Die Identifizierung der als *ἀσκαλαβῶται* bezeichneten Eidechsen, von denen Ar. in der Hist. anim. erwähnt, daß sie einen Winterschlaf halten (VIII 15, 599 a 30–33), daß sie sich häuten (VIII 17, 600 b 20–24), daß die Weibchen größer sind als die Männchen (IV 11, 538 a 26–28) und daß ihr Biß in einigen Gegenden Italiens giftig sein soll (VIII 29, 607 a 26f.), mit den im östlichen Mittelmeergebiet heimischen Dorneidechsen (Agama stellio; vgl. Louis, 86, s. v. *ἀσκαλαβώτης*) ist unsicher. Nach Aubert – Wimmer, Aristoteles' Thierkunde, Bd. 1, 115, s. v. *ἀσκαλαβώτης*, ist unter diesem Tier der Gecko zu verstehen (vgl. auch Meyer, 308).

87,2 f. (a 19f.) „sie beugen sie zur Seite". Zur Beugerichtung der Beine bei den Höhlenbewohnern unter den eierlegenden Vierfüßern s. oben S. 134 den Komm. zu S. 34,30–35.

Kapitel 16

Der Mechanismus des Gehens bei den Tieren mit vielen Füßen unterscheidet sich nach Ar. von dem der anderen Tiere dadurch, daß bei jenen die Beine – mit Ausnahme des ersten und letzten Paares – seitlich am Körper angewachsen sind, eine Krümmung nach auswärts aufweisen und zur Seite gebeugt werden.

Die Gründe, die er für diese Besonderheit anführt, sind folgende: erstens die Doppelfunktion der Beine, die darin besteht, daß sie in der Bewegung zugleich führen und folgen, zweitens die Vielzahl der Füße, die einen größeren Bewegungsspielraum erfordert, und drittens der Umstand, daß diese Tiere, soweit sie in Höhlen leben, von niedrigem Wuchs sein müssen. Im Hinblick auf den Mechanismus der Fortbewegung nehmen die Krabben eine Sonderstellung unter den Tieren mit vielen Füßen ein, und zwar deswegen, weil sie sich zur Seite vorwärts bewegen und weil bei ihnen die Zahl der führenden Füße größer ist als bei den anderen Tieren.

87,10 (a 26) „die blutlosen Tiere mit Füßen". Zu den blutlosen Tieren mit vielen Füßen gehören die Insekten und Krebstiere.

87,11 (a 27) „ist zuvor . . . gesagt worden". Siehe Kap. 1, 704 a 11f.

87,12f. (a 28) „mit Ausnahme der äußersten". Die „äußersten" Beine sind jeweils das erste und letzte Beinpaar. Diese vier Beine verhalten sich auf Grund ihrer exponierten Stellung in stärkerem Maße „ihrer Natur" entsprechend, wie Ar. weiter unten (b 5–7) schreibt, d. h., sie verhalten sich mehr oder weniger so wie die Vorder- und Hinterbeine der Vierfüßer. Nach Aristotelischem Verständnis bedeutet dies, daß die Beine des ersten Paares den Vorderbeinen entsprechend die führende Funktion bei der Bewegung ausüben und deswegen wie diese nach vorn gebeugt werden, die Beine des letzten Paares dagegen gleichsam als Hinterbeine bei der Bewegung folgen und als solche nach hinten gebeugt werden.

87,16f. (a 32) „sowohl führen als auch folgen". Die im Führen und Folgen bestehende Doppelfunktion der Beine zwischen dem ersten und letzten Beinpaar ist so zu erklären, daß ein und dasselbe Bein zugleich Vorder- und Hinterbein ist, Vorderbein für das dahinter folgende Bein und Hinterbein für das voranstehende Bein (vgl. auch den Kommentar des Michael Ephesius zur vorliegenden Stelle, CAG XXII 2, 168,13–15).

87,22–24 (b 5–7) „diese aber verhalten sich – führen". Siehe oben den Komm. zu S. 87,12f.

87,25 (b 7) „in dieser Weise". Das heißt zur Seite.

87,33 (b 13) „wie es zuvor dargelegt worden ist". Siehe Kap. 14, 712 b 16–21 und oben S. 136 den Komm. zu S. 86,1–4.

87,33f. (b 14) „als einzige unter den Tieren viele führende Füße". Daß sich die Krabben durch eine größere Zahl führender Füße von allen anderen Tieren, die nur zwei führende Füße (die beiden Vorderfüße) haben, unterscheiden, hat Ar. auch Hist. anim. I 5, 490 b 5f. erwähnt. Seine Angabe über die Anzahl der führenden Füße bei den Krabben (sie haben insgesamt zehn Füße, vgl. oben S. 136 den Komm. zu S. 85,39) differieren allerdings: Nach der Bemerkung in der Hist. anim. sind es vier Füße, an der vorliegenden Stelle und b 32 ist von „vielen" Füßen die Rede, und Kap. 17, 714 a 3–6 heißt es gar, daß die Krabbe mit „allen" Füßen vorangeht, was offenbar so zu verstehen ist, daß die Krabben alle Füße als führende Füße gebrauchen, und zwar deswegen, weil, wenn es Füße gäbe, die die Funktion des Folgens zu erfüllen hätten und deshalb nicht in Bewegung wären, diese diejenigen behindern könnten, die sich bewegen.

87,35 f. (b 15 f.) „die Härte – zum Schwimmen gebrauchen“. Siehe Kap. 17, 713 b 26–31.

87,38–40 (b 18–20) „wie auch bei allen Vierfüßern – eierlegenden Tiere“. Siehe Kap. 15, 713 a 15–25.

Kapitel 17

Zu Beginn dieses Kapitels kommt Ar. noch einmal auf die Krabben zu sprechen, die wie die Langusten zu den Weichschaltieren gehören, diesen gegenüber aber eine Reihe von Besonderheiten aufweisen: Sie haben einen runden Körper, Beine, die nicht auswärts gekrümmt sind, und keinen Schwanz, sie bewegen sich zur Seite, so daß jeweils eine Körperseite gleichsam zur Hinterseite wird, sie haben viele führende Füße, sie können nicht schwimmen, sondern leben auf dem Boden der Gewässer.

Die an der Krabbe zu beobachtenden Besonderheiten scheint Ar. gleichsam als Aufhänger benutzt zu haben, wenn er anschließend kurz erwähnt, daß die (in der einseitigen Anordnung der Augen bestehende) Mißbildung der Fische von der Art der Schollen der Grund für ihre besondere Art des Schwimmens ist, die er mit der für die Einäugigen typischen Art des Gehens vergleicht, und sich dann den Schwimmvögeln zuwendet, denen die Füße auf dem Wasser als Flossen dienen und deren Beckenextremitäten deshalb Besonderheiten in ihrem anatomischen Bau aufweisen: Die Beine sind kurz und kräftig und befinden sich wegen ihrer Kürze weiter hinten am Körper als bei den anderen Vögeln, und die Füße haben Schwimmhäute (zwischen den Zehen).

88,1 (b 21) „bei den anderen Tieren“. Das heißt bei den anderen blutlosen Tieren mit vielen Füßen, von denen zu Beginn von Kap. 16 die Rede war.

88,2 f. (b 22 f.) „bei den Langusten – harte Haut haben“. Das Wort *σκληρόδερμος* (mit einer harten Haut) verwendet Ar. gelegentlich als Synonym für *μαλακόστρακος* (mit einer weichen Schale) zur Bezeichnung der Krustentiere. In Verbindung speziell mit den Langusten ist *σκληρόδερμος* auch Hist. anim. I 5, 490 a 2 gebraucht; möglicherweise wollte er hier wie auch an unserer Stelle mit dem Wort *σκληρόδερμος* zum Ausdruck bringen, daß die Langusten im Unterschied zu anderen Crustaceen eine besonders harte Kruste haben (s. Meyer, 239).

88,13 f. (b 31 f.) „Und bei ihr allein – führende Füße hat“. Die Körperseite wird gleichsam zum Hinterteil, weil die Krabben, deren Beine nicht auf Grund der unterschiedlichen Funktion des Führens oder des Folgens in Vorder- und Hinterbeine unterschieden sind, sich nicht nach vorn, sondern zur Seite bewegen, so daß jeweils eine Seite als vordere Körperpartie (vgl. oben S. 136 den Komm. zu S. 86,1–4) und die andere als hintere Körperpartie fungiert.

88,17 (714 a 2) „ist zuvor genannt worden“. Siehe 713 b 25–27.

88,21 f. (a 5 f.) „mit allen – könnten“. Siehe oben S. 139 den Komm. zu S. 87,33 f..

88,23 f. (a 6 f.) „Die Fische von der Art der Schollen – Einäugigen gehen“.

Das Tertium comparationis besteht darin, daß sowohl die zu den Schollen gehörigen Fische als auch die Einäugigen nicht imstande sind, bei der Fortbewegung die gerade Richtung zu wahren; die Einäugigen sind nicht dazu imstande, weil sie nur mit einem Auge sehen können, und die genannten Plattfische deswegen nicht, weil sie beide Augen auf einer Körperseite haben. Die Singularität der Anordnung beider Augen auf einer Körperseite dürfte der Grund dafür gewesen sein, daß Ar. diese Fische als „mißgestaltet" (a 8) bezeichnet hat.

88,26f. (a 9f.) „weil sie Luft aufnehmen und ausatmen". Die Lungenatmung ist es, die die Schwimmvögel daran hindert, sich wie die Fische im Wasser aufzuhalten, und deswegen haben sie zum Schwimmen keine Flossen, sondern mit Schwimmhäuten ausgestattete Füße.

88,31 (a 13) „in der Mitte (des Körpers)". Siehe Kap. 11, 710 b 28–30.

88,34–37 (a 15–18) „weil die Natur – Breite versehen hat". Hinter der Feststellung, die Kurzbeinigkeit der Schwimmvögel erkläre sich daraus, daß die Natur, um die Beine und Füße dieser Tiere mit der für die Erfüllung der Aufgabe des Schwimmens notwendigen Dicke und Breite auszustatten, von der Länge der Beine etwas weggenommen hat, steht der Gedanke von einem gerechten Ausgleich in der Natur, den Ar. zu einem theoretischen Grundsatz seiner biologischen Forschung erhoben hat. Dieses Kompensationsgesetz (vgl. Düring, Aristoteles, 104 u. 535; Ross, 664, Komm. zu 16–17), das er schon Anal. Post. II 14, 98 a 15–17 formuliert hatte, nutzte er in den biologischen Schriften nicht nur wie an der vorliegenden Stelle zur Erklärung morphologischer Unterschiede im Tierreich (s. z. B. Hist. anim. II 1, 501 a 12f.; De part. anim. II 9, 655 a 23–28; III 2, 663 a 31–33. b 31–664 a 3; IV 9, 685 a 22–27), sondern auch zur Erklärung bestimmter physiologischer Sachverhalte (s. z. B. De part. anim. II 7, 652 a 27–33; De gen. anim. III 4, 755 a 30–35). In der vergleichenden Anatomie hat sich das Kompensationsgesetz bis in die Neuzeit hinein als heuristisches Prinzip erhalten (vgl. Meyer, 467); als Beispiel für die erneute Formulierung dieses Gesetzes sei Goethe zitiert, der in seiner Schrift „Zur Morphologie" schreibt: „Bei dieser Betrachtung tritt uns nun gleich das Gesetz entgegen: daß keinem Teil etwas zugelegt werden könne, ohne daß einem anderen dagegen etwas abgezogen werde, und umgekehrt." (J. W. v. Goethe, Zur Morphologie ersten Bandes zweites Heft. Erster Entwurf einer allgemeinen Einleitung in die vergleichende Anatomie, ausgehend von der Osteologie, Jena im Januar 1795, IV: Anwendung der allgemeinen Darstellung des Typus auf das Besondere, in: J. W. v. Goethe, Die Schriften zur Naturwissenschaft [Leopoldina-Ausgabe], bearb. von D. Kuhn, 1. Abt., Bd. 9, Weimar 1954, 124,31–34.)

Kapitel 18

Als durch den natürlichen Lebensraum bedingten Unterschied zwischen Flugtieren und Fischen hebt Ar. hervor, daß jene Füße haben und diese nicht. Die Notwendigkeit, daß die Flugtiere Füße haben, sieht er darin gegeben, daß sie sich, da es für sie unmöglich ist, ununterbrochen zu fliegen, auch auf dem Erdboden fortbewegen müssen. Für die Fische, die sich immer in dem ihnen adäquaten Medium (dem Wasser) aufhalten, wären dagegen Füße anstelle von Flossen völlig nutzlos, da sie nicht zum Schwimmen taugen, andererseits könnten sie aber auch nicht Füße und Flossen nebeneinander haben, da sie dann mehr als vier Bewegungspunkte hätten und folglich kein Blut haben dürften. Unter dem Aspekt der Funktionsanalogien gibt es jedoch bei den Extremitäten der Vögel und Fische gewisse Entsprechungen: den Flügeln der Vögel entsprechen die Brustflossen der Fische, ihren Beinen die Bauchflossen und ihrem Schwanz die Schwanzflosse.

89,3 (a 23) „sie nehmen Wasser auf". Ar. hat zwar die Kiemen richtig als das den Lungen entsprechende Organ bei den Fischen angesehen (s. z. B. De respir. 9, 475 a 11), er hat aber bestritten, daß die Fische atmen (s. ebd. 2, 471 a 2–19; dort polemisiert er unter anderem heftig gegen Diogenes von Apollonia, der mit seiner These, daß die Fische aus dem Wasser, das ihr Maul umgibt, die darin befindliche Luft durch den beim Ausstoßen des Wassers durch die Kiemen im Maul entstehenden Hohlraum einziehen, den tatsächlichen Gegebenheiten erstaunlich nahe gekommen ist). Wenn er Kiemen und Lungen dennoch als analoge Organe gelten ließ, so deswegen, weil beide der gleichen Funktion dienen: der Abkühlung der im Herzen befindlichen Wärme, und zwar dadurch, daß die Lungen, indem sie sich heben und senken, das Ein- und Ausströmen von Luft ermöglichen (zur Funktion der Atmung vgl. oben S. 62 den Komm. zu S. 21,41), die Kiemen, die sich auf die gleiche Weise bewegen wie die Lungen, dagegen das Ein- und Ausströmen von Wasser (s. De respir. 19, 479 b 10–15).

89,5 (b 2) „Wenn sie aber beides hätten – Blut haben". Da Ar. den Fischen in der Regel vier Flossen zugesteht (s. De part. anim. IV 13, 695 b 27–696 a 2), hätten sie, wenn sie außerdem noch Füße hätten, mehr als vier Bewegungspunkte. Mehr als vier Bewegungspunkte gibt es nach Ar. jedoch nur bei den blutlosen Tieren (s. Kap. 1, 704 a 11f.), d. h., entweder haben die Fische, da sie zu den blutführenden Tieren gehören, maximal vier Bewegungspunkte, oder sie dürften – was nicht der Fall ist – kein Blut haben.

89,7–11 (b 3–7) „Denn die Vögel – in der Nähe der Rückenpartie". Bei den beiden Flossen „an der Rückenpartie", die den Flügeln der Vögel entsprechen, handelt es sich um die Brustflossen (vgl. Kap. 15, 713 a 3–15, wo Ar. als Sitz dieser Flossen die Seite des Körpers angegeben hatte; vgl. dazu auch Preus, 186, Komm. zu 714 b 5), die mit Ausnahme der ganz breiten Fische (s. Kap. 9, 709 b 16–19) und der Muränen (s. Kap. 7, 707 b 30–708 a 2) alle Fische haben (s. De part. anim. IV 13, 696 a 2f.). Demgegenüber ist die Zahl derjenigen Fische, die sowohl an der Unterseite als auch an der Rückenpartie je zwei Bauch- bzw. Brustflossen, d. h. insgesamt vier Flossen, haben, geringer (nur die beiden Brustflossen haben nach Auffassung des Ar. die schlangenähnlichen Fische, s. Kap. 7, 708 a 3–5), sie machen aber trotzdem den größten Teil (*οἱ πλεῖστοι*) aller existierenden Fische aus.

Kapitel 19

In diesem letzten Kapitel, in dem sich die Argumentation zum Teil nur noch auf bloße Andeutungen beschränkt, wirft Ar. die Frage auf, welcher Art die Bewegung der Schaltiere ist und wo sie ihren Ausgangspunkt hat, wenn bei ihnen die rechte und linke Seite nicht differenziert sind. Die Bewegung selbst bezeichnet er als naturwidrig, da die Tiere zwar als bewegungsfähig gelten können, wenn man sie als seßhaft und fest angewachsen betrachtet, aber seßhaft erscheinen, wenn man sie unter dem Gesichtspunkt der Fortbewegung betrachtet. Als Antwort auf die Frage nach dem Ausgangspunkt der Bewegung findet sich dagegen lediglich der Hinweis, daß auch bei den Krabben die rechte Seite kaum differenziert ist, daß es sie aber trotzdem gibt, womit Ar. vermutlich andeuten wollte, daß dies auch bei den Schaltieren so ist und damit die Voraussetzung gegeben wäre, daß die Bewegung bei ihnen ebenso wie bei allen anderen Lebewesen von der rechten Seite ausgeht.

89,14f. (b 9) „wenn es bei ihnen kein Rechts und Links gibt". Da der Hinweis am Ende des Kapitels (b 16–19), daß „auch" bei den Krabben die rechte und linke Seite kaum, aber doch nachweislich voneinander unterschieden sind, nur dann einen Sinn hat, wenn er einen bestimmten Sachverhalt bei den zur Debatte stehenden Schaltieren bestätigt, wird man annehmen dürfen, daß Ar. auch bei diesen trotz der geringen Gliederung ihres Körpers eine, wenn auch nur angedeutete, Differenzierung der beiden Seiten vorausgesetzt wissen wollte. Es blieb ihm auch letztlich nichts anderes übrig; denn wenn er den Schaltieren, wie er es hier getan hat, prinzipiell eine gewisse Bewegungsfähigkeit zugestand (b 13f.), hätte er im Falle einer Entscheidung gegen jegliche Differenzierung der beiden Seiten seine eigene Theorie, daß jede Bewegung von der rechten Körperseite ausgeht (s. Kap. 4, 705 b 18–21), selbst in Frage gestellt.

89,16f. (b 10) „gleichsam als verstümmelt". Im Unterschied zu den im folgenden genannten verstümmelten Vierfüßern haben die Schaltiere überhaupt keine Gliedmaßen; die Verstümmelung müßte sich bei ihnen also auf das Fehlen der Extremitäten beziehen.

89,19f. (b 12f.) „der Seehund – Ausführung". Als verstümmelter Vierfüßer wird der Seehund auch Hist. anim. II 1, 498 a 31–33 (vgl. auch De part. anim. II 12, 657 a 22–24) bezeichnet, wo Ar. den anatomischen Sachverhalt in der Weise darstellt, daß sich bei ihm die Füße direkt an die Schulterblätter anschließen.

Zur Fledermaus vgl. De part. anim. IV 13, 697 b 7f.; dort schreibt Ar., daß dieses Tier, wenn man es als Flugtier betrachtet, Füße hat (d. h., es hat vier Füße), betrachtet man es dagegen als Vierfüßer, dann hat es keine Füße – d. h., im Vergleich mit den Füßen der Vierfüßer erscheinen seine Füße verkümmert (s. Meyer, 148).

89,21–24 (b 14–16) „bewegen sich ... naturwidrig – Fortbewegung betrachtet". Bei der Begründung für die als naturwidrig bezeichnete Bewegung der Schaltiere, die in dem Sinne zu verstehen sein dürfte, daß die Tiere nicht imstande sind, ihren Standort zu verändern, ihre Bewegung vielmehr nur in der freien Beweglichkeit der nicht mit der jeweiligen Unterlage verbundenen Körperteile besteht, scheint Ar. die – wenn auch sehr langsame – Fortbewegung der Schnecken nicht berücksichtigt zu haben. Hist. anim. IV 4, 528 a 30–b 1 unterscheidet er dagegen zwischen Schaltieren, die sich, wie z. B. alle Schnecken mit gewundenen Schalen, kriechend vorwärts bewegen, solchen, die beweglich sind (*κινητικά*), z. B. die Kammuscheln, und solchen, die unbeweglich sind (*ἀκίνητα*), z. B. die Steckmuscheln.

89,26 f. (b 18) „die rechte ist größer und kräftiger". Die Beobachtung, daß bei den Krabben die rechte Schere größer und kräftiger ist als die linke, lieferte Ar. nicht nur den Beweis für die Differenzierung der rechten und linken Körperseite, sondern war für ihn auch eine willkommene Bestätigung seiner Vorstellung von der Überlegenheit der rechten über die linke Seite (vgl. De part. anim. IV 8, 684 a 26–28).

89,29–34 (b 20–23) „So steht es – angestellt werden". Ähnlich wie am Ende von De mot. anim. (Kap. 11, 704 a 3–b 3) verweist Ar. auch im Schlußsatz der vorliegenden Schrift auf Sujets, die er bereits behandelt hat bzw. noch zu behandeln beabsichtigt. Außer den der Fortbewegung dienenden Körperteilen, mit denen er sich in De inc. anim. beschäftigt hat, nennt er die „übrigen" Körperteile und die Seele. Die Behandlung der „übrigen" Körperteile, die den Gegenstand von De part. anim. II–IV bilden, wird als bereits vorliegend vorausgesetzt (zum Verhältnis von De part. anim. zu De inc. anim. s. oben S. 94 f.), während die Untersuchung über die Seele, die Ar. mit seiner Schrift De an. realisiert hat, als unmittelbar bevorstehend angekündigt wird.

Bei Fragen zur Produktsicherheit wenden Sie sich bitte an:
If you have any questions regarding product safety,
please contact:

Walter de Gruyter GmbH
Genthiner Straße 13
10785 Berlin
productsafety@degruyterbrill.com